日本主厨笔记——
贝料理专业教程

日本柴田书店◎编

陈佳玉◎译

贝类图鉴与专业烹饪技巧
日式、欧式、中式、东南亚式
贝类料理大全 200 种

机械工业出版社
CHINA MACHINE PRESS

前　言

贝是一种有趣的食材，

味道和口感丰富多样。

爱好贝类的人们一致认为：了解得越多，越觉得有趣。

这份魅力来自带给舌尖的无尽美味。

贝料理还是一种不错的下酒菜，

在很多餐厅都非常受欢迎。

但贝类烹饪有难度，贝类的处理、保存方式、火候等稍有偏差，

就可能白白浪费一份新鲜食材。

对于贝料理来说，还有一个烦恼就是花样的贝类烹饪方式并没有广泛传播。

专业的日式、欧式、中式、东南亚式的贝类料理餐厅主厨，

在此一一介绍贝类的剥离处理方法，以及百吃不厌的经典菜品。

食材新鲜美味，口感鲜嫩可口。

为方便使用贝类食材，丰富贝类菜品，

特创作了本书，

衷心希望能对你有所帮助。

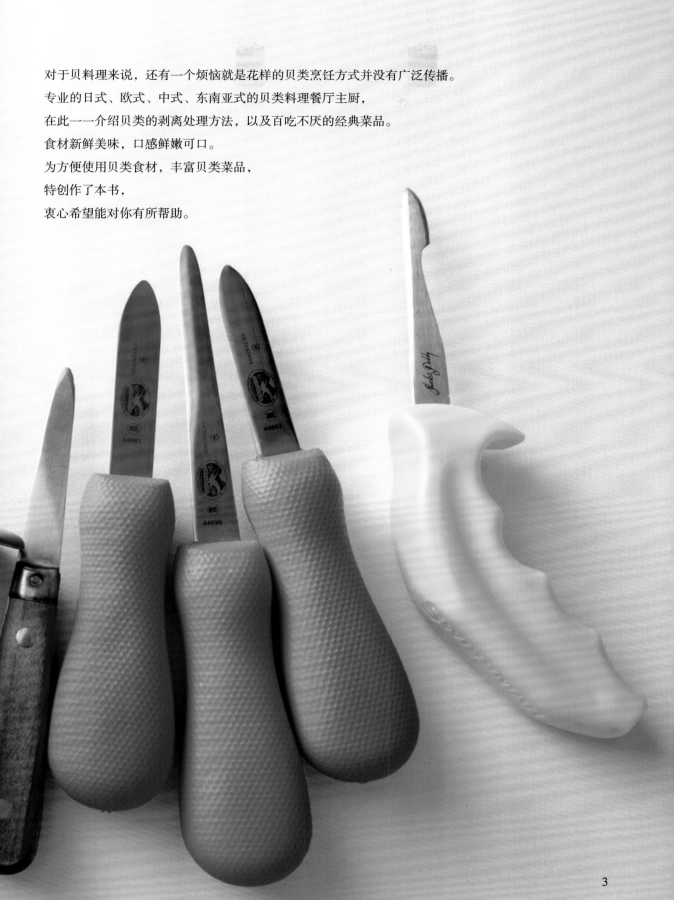

目　录

第一章
贝类图鉴
专业餐厅的贝类食材基础知识和处理技术、经典菜品

贝类食材

双壳贝图鉴

牡蛎图鉴

螺类图鉴

类似贝类食材图鉴

摄影：海老原俊之
设计・插图：山本阳
编辑：长泽麻美

凡例

- 关于贝类说明用语

  潮间地带：从最高潮水面至最低潮水面之间的区域。

  半咸水水域：淡水和海水混合的河口处水域。

  内湾：纵深较大的海湾。

  浅海：①深度较小的海。②水深 200 米左右的海域。

- 菜谱中的 1 大匙是 15 毫升，1 小匙是 5 毫升，1 杯是 200 毫升。

- 西洋芥末：即我国的辣根，别名马萝卜，外形和颜色有点像白萝卜。

- 白身鱼：日本人把鱼分为白身鱼、赤身鱼。白身鱼肉是白色的，赤身鱼肉是红色的。

处理贝类的工具

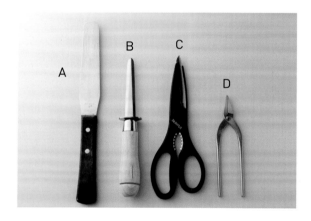

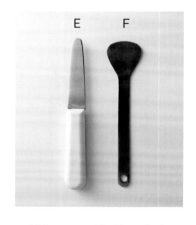

A 平板铲：制作糕点时用的平板铲，是打开带子、扇贝等经常使用的工具。金属部分的前端是圆弧形，长度也很适合，非常顺手。

B 开贝刀：用于打开除平贝和扇贝之外的贝类。

C 剪刀：制作烤贝时，把贝壳打开后用来剪断与贝壳连接的部分。

D 钳子：只在抓贝类或剪开贝壳时使用。

E 牡蛎刀：开长牡蛎或小型牡蛎时使用，在开岩牡蛎时需要使用金属部分更长的专门开刀工具。

F 扇贝专用刀：只用于开扇贝时使用。

第一章
贝类图鉴

专业餐厅的贝类食材基础知识和处理技术、经典菜品

本章总结了贝类专业料理店中使用的食材、贝类食材相关基础知识、剥离和处理方法与基本的技术与菜式。

贝类食材

贝是什么

生物学上的贝类，指全部软体动物。在广义上，像墨鱼、章鱼等软体动物也是贝类的同类。海参、陆地上的蜗牛、蛞蝓（鼻涕虫）等也都包含在贝类生物中。但一般来说，提到贝类多指蛤蜊、牡蛎等双壳贝，或者海螺、鲍鱼等在水中生活的螺。本书的贝类也是特指双壳贝和螺。

双壳贝有花蛤、文蛤、牡蛎、扇贝等。螺属于腹足纲，外壳是螺旋状，如海螺、鲍鱼、虾夷贝等常见动物。外形像盘子一样的鲍鱼外壳其实也都是弯曲的螺旋线条，属于真正的螺。

贝类生物与贝类食材

了解贝类生物的生活习性，尤其是进食习惯与方式都有助于我们深入理解作为食材的贝类及它的特征。如双壳贝是没有头部的，它靠鳃来过滤捕食海中的浮游植物和有机物。花蛤、文蛤、鸟贝等是从双壳间伸出像斧子一样的脚，靠这只脚在海底的沙土中爬行，只用入水管和出水管在海中过滤进食。我们觉得双壳贝吃起来口感脆，这是因为吃到了它挖掘沙土时发达的肌肉部分。

同样是双壳贝，扇贝就完全不会刨沙，而是躺在沙土表面生活，用鳃过滤海水中的浮游植物来进食，其幼贝有小脚但在长大过程中逐渐退化，最后不再使用足部。扇贝是利用闭壳肌这块有力的肌肉控制贝壳的开合，也就是瑶柱，它通过打开贝壳吸入水再用力关上喷射出水来跳跃前进。这样可以避开海星等天敌的捕食。

牡蛎也不会刨沙，它一旦接触到一个地方之后就会固定下来（除非在养殖的情况下人工移动位置），然后通过鳃来过滤海水中的浮游植物进食。因为它不活动，所以没有发达的肌肉，身体很柔软。牡蛎的瑶柱拥有纵向生长的纤维，比较筋道，牡蛎肉水分充足，口感柔软，味道浓厚。

螺为了在海底爬行，拥有发达的足部，而且身体构造也和双壳贝有很大区别。它们的食物种类多样，藻食性贝类的鲍鱼和海螺等就是在海藻表面，利用扇舌削啃海藻。扁玉螺等贝类会捕食其他双壳贝。海螺的肉质有着大海的味道，吃起来很筋道，但烹饪时间过长会导致肉质变硬，这与双壳贝也有很大区别。

贝类身体构造

贝类的身体包裹在坚硬的外壳中，各个器官并不明显，藏在体内难以辨别。足部的肉及大块的瑶柱和水管等器官比较显眼，但肾、肠都挤在一起。明白贝类身体构造和脏器的功能会有助于在不破坏鲜味的同时剥离处理。

以双壳贝代表花蛤为例，如图所示（不同的贝类其器官大小或配置、颜色等都有所不同）。另外，还有表示贝类大小的相关用语，包括贝的前后、壳的左右等。

贝足：大部分在海底活动通过过滤海水进食的双壳贝，为了方便刨沙长出了斧子一样的足部。另外，螺的足部是为了在海底爬行，足部有很多黏液，为了清除黏液，需要用盐揉搓一下再用水清洗。

足丝：丝状的组织，常见于贻贝或平贝内部。利用细长的足丝线附着固定在基质上，从根部的足丝腺中分泌蛋白质，形成足丝。处理的时候要将这部分剔除。

双壳贝内部结构

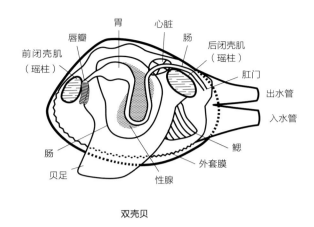

双壳贝

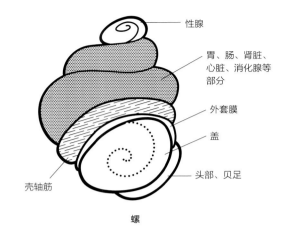

螺

外套膜: 指覆盖在软体动物身体表面的一层膜。贝类从这里分泌壳质, 形成外壳。双壳贝的外套膜就像外壳的内衬一样, 附着外壳生长。外套膜的边缘（外套膜边）, 比中间部分要厚一点, 也叫裙边, 可食用。扇贝在这个部分长有很多的触手。裙边会裹挟细沙, 在处理的时候需要仔细清洗。

入水管与出水管: 指吸入海水的口（进水管）和吐出海水的口（出水管）。由左右两边的外套膜结合后形成, 刨沙的双壳贝从入水管中吸入海水, 用鳃呼吸同时过滤水中的浮游植物和有机物, 再从出水管排出海水。本海松贝和象拔蚌是将水管并到一起, 它们的特点就是长得大而粗。

性腺: 是生产卵子和精子的器官。扇贝的性腺成熟后雄性呈乳白色, 雌性呈橘色。海螺和鲍鱼是雄性呈乳白色, 而雌性呈深绿色。

肠: 是软体动物或多足动物的消化腺的一种, 通称内脏。内脏会储备有毒物质, 人吃了后会引发食物中毒, 所以在特定季节中不要食用。另外通常认为扇贝含有重金属。

唇瓣: 辨别入口食物的器官。

闭壳肌: 是用于关闭外壳的肌肉。一般也称为瑶柱。这部分肌肉贯穿外套膜直接附着在贝壳内部。很多双壳贝都有 2 个大小相同的瑶柱, 分别是前闭壳肌与后闭壳肌。但有的贝壳如带子, 前闭壳肌比后闭壳肌要小很多; 也有的贝壳如扇贝, 只有一个大的后闭壳肌长在中间位置。打开贝壳的时候, 第一步就是先切断闭壳肌与贝壳的连接部分。

盖: 在螺的软体足部背面, 身体缩回壳内的时候, 正好可以盖住开合口, 也有部分种类的盖渐渐退化变小。

韧带: 在双壳贝的咬合部, 结合左右两壳的纤维质或软骨物质。用来控制外壳的开合, 有的是在壳外侧, 有的是在壳内侧。图见 12 页。

齿舌: 除双壳贝以外的软体动物口腔内都有齿舌, 呈锉刀状, 用于咀嚼食物。

壳轴筋: 连接螺内身体与外壳的肌肉部分。收缩壳轴筋将头部与足部收回壳内。伸出时则伸展壳轴筋。有时也称为瑶柱, 但与双壳贝的闭壳肌的活动方式不同。

* 参考《佐佐木延智 软体动物的解剖: 墨鱼·海螺·帆立贝》、《中学理科的软体动物特征理解 1.1 双壳贝》、《数字大辞泉》、《百科事典（国际百科大全）》。

表示贝壳大小的名称

壳长：指双壳贝其壳的前端到后端的最长直线距离，也指斗笠形贝的壳前后最长直线距离，或者海螺的壳高大小。

壳高：指双壳贝或海螺的贝壳上部（通常指壳顶）到下端的最长直线距离。

壳宽：指双壳贝在贝壳关闭状态下贝壳的厚度中的最大值。海螺指从侧面看的最大宽度。

壳顶：指海螺的最顶部。也通常指双壳贝的最顶端。

壳径：指海螺从正面看的左右宽度的最长距离，也指斗笠形贝前后最长的直线距离。

壳口：指海螺向外打开的口。不同种类的螺壳口不同。柔软身体从壳口伸出。

壳皮：包裹在贝壳外侧的甲壳素薄膜。

贝壳的腹背、前后、左右

1 腹背：连接两个贝壳壳顶部的是背部，其相反面是腹部。

2 前后：花蛤等韧带在外的贝类是将壳顶部朝上放，韧带朝自己一侧时，靠自己的一侧为后面，相反面为前面。

● 左右：扇贝是白色更饱满更明显的一侧是右壳，带些褐色的一面是左壳。牡蛎则是更饱满的一侧为左壳（下壳），较扁平的一侧为右壳（上壳）。

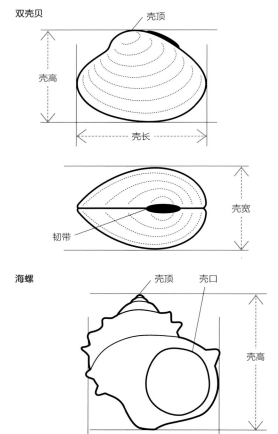

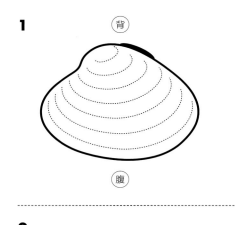

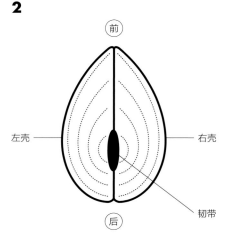

贝类营养价值

下表总结了贝类食材的三大主要营养成分及无机质含量（含量数值标准是每 100 克可食用部分）。另外关于常吃的 4 种贝类，也有营养层面的分析。

选自"日本食品标准成分表 2015 年版（第 7 版）"
*1 贻贝　*2 虾夷贝　*3 大黄蚬　*4 本海松贝

	能量（千卡）	三大主要营养成分			无机质（主要）							
		蛋白质（克）	脂肪（克）	碳水化合物（克）	钠（毫克）	钾（毫克）	钙（毫克）	镁（毫克）	磷（毫克）	铁（毫克）	锌（毫克）	铜（毫克）
赤贝（生）	74	13.5	0.3	3.5	300	290	40	55	140	5.0	1.5	0.06
花蛤（生）	30	6.0	0.3	0.4	870	140	66	100	85	3.8	1.0	0.06
鲍鱼（生）	73	12.7	0.3	4.0	330	200	20	54	100	1.5	0.7	0.36
*贻贝（生）	70	10.3	1.4	3.2	540	230	43	73	160	3.5	1.0	0.05
牡蛎（养殖·生）	60	6.6	1.4	4.7	520	190	88	74	100	1.9	13.2	0.89
海螺（生）	89	19.4	0.4	0.8	240	250	22	54	140	0.8	2.2	0.39
蚬贝（生）	64	7.5	1.4	4.5	180	83	240	10	120	8.3	2.3	0.41
带子（瑶柱·生）	100	21.8	0.2	1.5	260	260	16	36	150	0.6	4.3	0.01
*虾夷贝（生）	86	17.8	0.2	2.3	380	160	60	92	120	1.3	1.2	0.06
九孔鲍（生）	84	16.0	0.4	3.0	260	250	24	55	160	1.8	1.4	0.30
紫鸟贝（贝足·生）	86	12.9	0.3	6.9	100	150	19	43	120	2.9	1.6	0.05
花螺（生）	87	16.3	0.6	3.1	220	320	44	84	160	0.7	1.3	0.09
*大黄蚬（生）	61	10.9	0.5	2.4	300	220	42	51	150	1.1	1.8	0.05
文蛤（生）	39	6.1	0.6	1.8	780	160	130	81	96	2.1	1.7	0.10
扇贝（瑶柱·生）	88	16.9	0.2	3.5	120	380	7	41	230	0.2	1.5	0.03
北极贝（生）	73	11.1	1.1	3.8	250	260	62	75	160	4.4	1.8	0.15
*本海松贝（水管·生）	82	18.3	0.4	0.3	330	420	55	75	160	3.3	1.0	0.04

● 扇贝

扇贝其瑶柱的蛋白质含量和带子等一样多，脂肪含量稍少，牛磺酸 * 含量高，人体内部的牛磺酸是从食物中摄取物质在身体内作用形成的。牛磺酸在软体动物尤其是贝类、章鱼、乌贼中含量很高，有助于在一定程度上提高肝脏功能、降低胆固醇、预防高血压、改善视力。

● 花蛤

蛋白质和脂肪含量较低，是低热量贝类。铁元素含量较高，有辅助预防和改善贫血的作用。牛磺酸及维生素 B_{12} 和维生素 H 含量丰富。维生素 B_{12} 有一定的安定精神的功效，也有辅助缓解视疲劳和肩周酸痛的效果。维生素 H 为水溶性维生素，对于缓解疲劳、抑制皮肤炎及白发生长有一定作用。

● 蚬贝

蚬贝中含有大量蛋氨酸，蛋氨酸是氨基酸的一种，可以辅助促进氨代谢、保持肝脏功能、缓解疲劳。另外还有帮助酒精分解的丙氨酸，以及能在一定程度上提高肝脏机能的维生素 B_{12} 等很多对肝脏有益的营养成分。另外铁的含量也很高。

● 牡蛎

含有牛磺酸、各种氨基酸、铁、铜等矿物质成分，尤其是锌含量很高，是其他双壳贝的五六倍。锌会促进新陈代谢，有美肤效果，还有一定的预防味觉障碍的功效。

* 牛磺酸：人体内的牛磺酸是从饮食中摄取，在体内合成的。其在贝类、章鱼、墨鱼中含量较多，具有一定的降低胆固醇、预防高血压的功效。

双壳贝图鉴

贻贝

瑶柱

别名：海虹、海红，其干制品称为淡菜。

外形：壳黑褐色，生活在海滨岩石上。一般壳长 6~8 厘米，呈稍微扁塌的水滴外形。

产地、食用最佳时期：除了从法国或新西兰进口以外，还有三陆或广岛县等日本产的品种。我国的贻贝分布于黄海、渤海及东海沿岸，在三四月份最为肥美。

食用方法、味道等：适合爆炒、蒸、炖汤，口感非常柔嫩鲜美。

> 在法餐或意大利料理中，贝类是十分有特色的食材。用日本酒蒸煮，或用味噌腌制之后也别具风味。

带子

别名：栉江珧是正式学名，平常也称牛角江珧蛤。日本叫平贝。

形态、生态：外壳扁平，所以也被称为平贝。壳长前后大约 35 厘米。三角形黑色（稍微有点绿色）的贝壳很容易打开。外壳表面光滑或呈鳞片状。用外壳尖尖的部位扎到内湾的沙泥底生活。像发丝般的足丝吸附着细沙和石子，使身体牢牢固定在海底。

产地、食用最佳时期：日本平贝主要分布在房总半岛以南，主要产地在三河湾、濑户内海等内湾。我国很多海域都产，潮汕最多。旺季在冬季到来年春季。

食用方法、味道等：主要食用大瑶柱，裙边、肝或前端的小瑶柱也会食用。柔软甘香的瑶柱可用于刺身或寿司，或烧烤、嫩煎、汤汁、蒸煮等各种料理中。

> 用瑶柱制作刺身的话建议纵向下刀，会更筋道。日本的海鲜店内脏部分也不会浪费，都会处理食用。

瑶柱

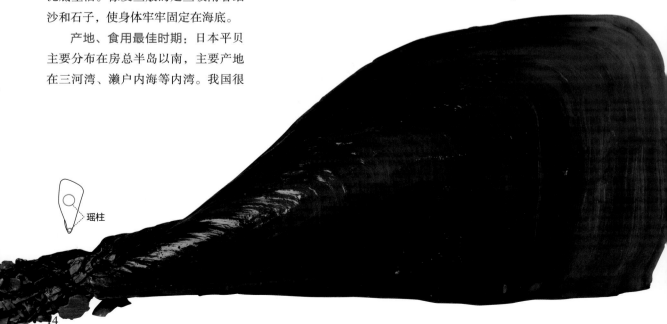

带子的剥离方法 ◎ 从外壳下方开始切断连接瑶柱的一侧，打开外壳，将身体全部掏出来。烘焙用的平板铲就很好用。

1

单手持贝，从下方瑶柱与贝壳的连接处插入平板铲。

2

将平板铲沿着外壳滑动，切断大瑶柱的一侧连接部分。

3

撬开外壳。

4

现在可以看到一侧有瑶柱、裙边与肝等所有部分。

5

再将平板铲插入另一侧瑶柱附着的壳内。

6

滑动铲子，将瑶柱和内脏部分全部剥离取出。

7

拔干净发丝状的足丝。

8

为剥除瑶柱外的薄膜，将手指插入瑶柱和裙边中间。

9

取出瑶柱。

10

剥离薄膜。

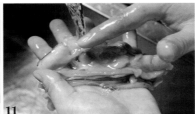

11

裙边周围有很多细沙，冲水洗净。

12

大瑶柱、其他裙边、肝全部分离。

* 剥离瑶柱之后的内脏部分（或和其他贝类内脏）一起加入酒后煲汤炖煮（参考 19 页）。裙边和肝还会分别使用到别的料理中。

* 剥离肝的瑶柱吸收水分就会变成白色，收缩后口感会变差。所以在保存的时候要用厨房纸彻底吸干水分（参考 59 页的保存方法）。

扇贝

别名：虾夷盘扇贝。日本叫帆立贝，因其在海中，两壳张开，一壳如舟，一壳如帆，所以日文名为帆立贝。

形态、生态：扇贝生活在水深 10~30 厘米处的沙地，体型稍大的壳长可以达到 18 厘米左右，是一种生活在水温 5~22℃的冷水贝类。扇贝一出生都为雄性，在两岁的时候大概会有半数变为雌性。性腺的颜色可以区分性别，但刚出生的性腺都是透明色，无法分辨。扇贝寿命大约有 10 年，现有野生的也有人工养殖的。野生的扇贝其幼贝是在海里埋养 3 年左右，人工养殖则是把贝壳悬挂在笼子里。自然状态下扇贝左壳朝上，为茶色（是它的保护色），白色的右壳朝下横在沙地上。扇贝左右的壳大小不一，尤其是野生扇贝，埋养的右壳会更饱满更大。悬挂养殖的扇贝左右的壳一样大，颜色也不会有太大差异。肉质可鲜食，闭壳肌大，可加工成干贝。

产地、食用最佳时期：在我国北方沿海，扇贝数量较多，产量较高，为重要养殖和捕捞对象。每年的 12 月到第二年 4 月最为肥美。

日本的扇贝肉质厚、香味浓郁的季节在 5~7 月。在扇贝产卵之前的 11~12 月食用会很鲜美。

瑶柱

扇贝的性腺也很美味。雌性的卵巢呈橘色，雄性精巢则呈绿色。味道也有所不同。

绯扇贝

别名：我国称栉孔扇贝、海扇。日本称桧扇贝、虹色贝。

形态、生态：外形和扇贝相似，但体型稍小，壳长大约 10 厘米，有橘色、红色、黄色、紫色等。彩色多为人工养殖，野生绯扇贝外壳多为褐色。有足丝附着在岩石上。

产地、食用最佳时期：产地分布于中国（黄海、渤海、东海）、朝鲜半岛、日本等地。每年的 5~7 月和 9~10 月最好吃。

绯扇贝和扇贝一样，用于刺身和烧烤都很美味。外壳颜色在加热后多少会有些褪色。

瑶柱

阿古屋贝

别名：马氏贝、马氏珠母贝、珍珠贝。

形态、生态：用于珍珠养殖的贝类。野生阿古屋贝中也会藏有珍珠。壳长 10 厘米左右，外壳稍扁平。贝壳外侧有点发黑，但内侧有珍珠一般的光泽。有足丝附着在岩石上。

产地、食用最佳时期：主要分布于我国南海海域。养殖的主要目的是为了获取珍珠。在取出珍珠后，主要食用部分是瑶柱，旺季是在摘取珍珠之后的冬季。

瑶柱很美味。瑶柱以外的部分也可以食用，味道和牡蛎相似，稍有些甜味。

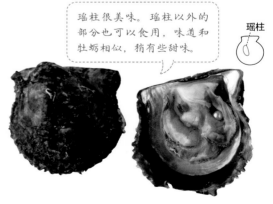
瑶柱

扇贝的剥离方法 ◎ 从外壳下方开始切断瑶柱和贝壳连接之处，打开外壳，将贝肉全部掏出来。烘焙用的平板铲就很好用。

1 单手持贝，把平板铲插入下壳内侧，一边划动一边拆取瑶柱。

2 打开外壳。可以看到上壳的所有部位。

3 拆除下壳，单手拿好有肉的一侧，从肉下方插入平板铲，一边划动一边拆除瑶柱。

4 从壳内完整取出内部肉。

5 从瑶柱上掐掉裙边。

6 拉直抽取。

7 去掉裙边的状态。

8 摘除卵巢（图上是雌性，雄性是绿色的精巢）。

9 去掉中肠腺。

10 裙边中有细沙，流水清洗。

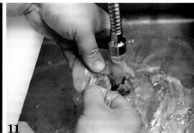

11 清洗卵巢。

12 这是瑶柱、裙边、卵巢和中肠腺全部分开的状态。

* 哪一边的贝壳好剥就先开哪一边。这里是先开较扁平的一面。

* 因为贝类捕食浮游生物，所以会在中肠腺中积聚浓缩一些有毒成分。浮游生物在初夏到夏季会大量增加，所以夏季尽量不要食用中肠腺（中肠腺以外的部分没有问题。）

白海松贝

别名：我国称为日本海神蛤。

形态、生态：外表很像迷你版的象拔蚌。壳长约 15 厘米，其外形显著特征就是伸出壳外的粗水管。这个水管无法收回到壳内。外壳是白色的椭圆形，不厚。生活在潮间带水深 20~30 厘米的浅沙滩上，也会钻到较深处的海沙中。

产地、食用最佳时期：主产于北美太平洋流域，以及日本的北海道到九州的海域。每年的 1~3 月和 9~10 月，是其产卵之前的时期，最为肥美。

瑶柱

加热时间和下刀方式都会影响口感。水管的皮过一下热水更容易剥落。剥落的薄皮和肝都可用于料理。

白海松贝的剥离处理方法

◎ 使用一般双壳贝的处理方法。从外壳下方开始切断连接瑶柱的一侧，然后掏出肉。

1
单手持贝，沿着下壳的内侧伸入开贝刀。

2
拆除两个瑶柱的连接部分。

3
干净地分离。

4
上壳也插入开贝刀。

5
沿着外壳划动开贝刀，两边的瑶柱全都剥离后，取出身体。

6
拿着水管从壳内剥出。

7
内脏部分掐掉。

8
分离肝和瑶柱（均可食用）。

9
现在是瑶柱、水管分开的状态。

10
剥离水管和身上薄膜（生的时候就可以剥离，稍微过一下热水会更容易剥落）。连接身体的水管放入热水煮。

11
当颜色变白时，碰一下外皮，外皮变得有褶皱（只是表面过了一下火，不要热到中间部分）。

12
捞出放入冰水里。

13
从一侧拉掉外皮。

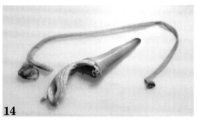

14
脱皮的水管和身体，还有外皮。

15
切开身体和水管。

16
纵向将水管切成两半。

肝肠和瑶柱都可以炖煮

水管和身体以外的部分可以加入酒炖煮（也可以混入其他贝类的肝肠）。

* 水管和薄膜剥落后用厨房纸充分吸干水分（不吸干水分的话口感会变差），包裹着厨房纸在冰箱里保存（参考 59 页）。

* 水管的皮可以全部丢掉，也可晒干食用，用酱油或酒稍微入味，海味脆皮就做好了。

北极贝

别名：学名为库页岛马珂蛤，又名北寄贝、姥贝（因为寿命长而得名，也有人说因为其外表看起来很古老）。

形态、生态：壳长 10 厘米以上，外壳厚实，呈褐色，一眼看上去像黑色。生活在远洋冷水域的浅海沙底。生长缓慢，需要 4~6 年才可以长成可以捕捞的 7~8 厘米大小。北极贝寿命很长，有 30 年左右。

产地、食用最佳时期：北极贝主要分布在日本北海道，以及北太平洋、大西洋海域。日本北海道的苫小牧市捕捞数量居于日本首位。北极贝的产卵期在 5~6 月。捕捞旺季在冬天到春天，为了保护资源，各个渔业协会都规定了捕捞期，在产卵期禁止捕捞。我国不产。

瑶柱

常用来制作寿司，或者用开水稍微焯一下也很美味。焯水后足部和水管都呈现浅红色，而且甜味也就出来了。

北极贝的剥离处理方法 ◎ 使用一般双壳贝的处理方法。从外壳下方开始切断连接瑶柱的一侧然后掏出肉。

1 开贝刀插入壳内部。

2 沿着下壳的内部滑动开贝刀，拆离两边的瑶柱。

3 上壳也同样插入开贝刀。

4 拆离两边的瑶柱连接部分。

5 用开贝刀剥落肠等内脏部分。

6 撬开外壳。

7 把内部的肉全部取出，有些部分有很多细沙。

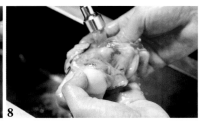

8 用手指拨开薄膜，冲水洗净。

9 这是洗净的状态，然后开始拆分清理内部。

10 分离两个瑶柱。

11 这是取出的瑶柱。

12 从足部开始剥离裙边。

13 清理裙边（切开内侧薄膜，多余的部分切除）。

14 剩余的脏东西和黏液用刀刮掉。

15 现在是足部、瑶柱和裙边分离的状态。

16 将足部对半切成两半。

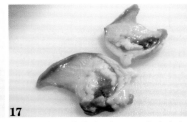

17 位于边缘的茶色部分是肝脏（在冬天旺季的时候会更明显一些）。

18 用手指剥落肝脏。

* 这里会将肝脏部分炖蒸烹饪。

* 拆分之后所有部分都可放入料理中使用。做刺身的时候大多会用热水焯一下（参照 65 页）。

本海松贝

别名：海松食是正式学名，又叫日本象拔蚌、水松食、黑海松贝。

形态、生态：壳长达 13~15 厘米，外表显著特征就是发达的水管。在日本，主要生活在内海的沙地里。

产地、食用最佳时期：在日本千叶县富津、爱知县的三河湾、渥美半岛伊良湖附近的本海松贝享有盛名，产卵期有春秋两季。产卵期之间的口感最好，但是一般来说食用最佳时期是在冬天到早春这段时间。另外也有韩国的品种。水管有嚼劲，带有海味的甘甜。属于高级寿司之一，外壳的黑皮剥落下来可以食用（用热水烫一下放在凉水里更容易剥落）。另外，水管下面的身体部位或瑶柱都可以食用。我国不产。

因为产量稀少所以价格昂贵，和白海松贝相比，味道和口感都更上一层楼。尤其是水管部分十分美味。

瑶柱

大黄蚬

别名：学名中华马珂蛤，又叫马鹿贝、飞蛤。在日本叫青柳贝，来自其产地千叶县市原市青柳的名字。

形态、生态：壳长大约 8 厘米，外形与文蛤略有相似，但是贝壳比文蛤薄。大黄蚬生活在我国的黄海浅海海域，以及日本内湾的浅沙地。通常在退潮后和蛤蜊一起捞取。

因为其脱氧即死，清理沙子有难度，所以大多会拆除带着细沙的部分。市场大多出售"舌切"的部分，也就是清除贝肉、内脏后，只留下贝足的部分。外形较大的称为大星，较小的称为小星。

瑶柱

舌切和瑶柱的味道和口感不同，各有千秋。大黄蚬颜色鲜艳，价格便宜，可以搭配很多食材食用。

文蛤

加热时间过长的话，肉质会变得很硬。小型文蛤可以用来煲汤，体型稍大的建议不配其他食材单独炖煮更美味。

瑶柱

别名：油蚶、花蛤、黄蛤、沙蛤、海蛤、蚶仔。

形态、生态：壳长大约 8 厘米，外壳坚硬。

产地、食用最佳时期：在我国辽宁和江苏的海域多产。日本内湾文蛤产地仅在鹿儿滩、伊势湾、濑户内海的周防滩、有明海等部分地区。捞取旺季在春天。

花蛤

别名：蛤蜊、花甲。

形态、生态：外表呈三角卵圆形或卵圆形，壳长 4~5 厘米。

产地、食用最佳时期：花蛤分布较广，我国很多地区的海域均产。会在海水温度 20℃左右的春秋两季产卵（北海道只有夏季海水温度上升），七八月份最肥美。非常适合煲汤。

瑶柱

用花蛤来调制味噌汤是最合适的。熬过汤之后的肉还可以搭配其他食物。

粗肋横帘蛤

壳为红色，煮过头的话肉会变硬。味道十分鲜美。

瑶柱

别名：真曲巴非蛤、帘蛤。

形态、生态：壳长 6 厘米左右。外壳呈浅褐色，放射状花纹。外表和赤贝相似。外壳表面光滑就是赤贝，外表粗糙且有帘状纹路的就是粗肋横帘蛤。生活在水深 10~40 厘米的沙泥地。

产地、食用最佳时期：广泛分布于我国的浙江、福建、广东海域。日本产地主要位于北海道西部到九州。捞取旺季在春天。

紫石房蛤

别名：天鹅蛋、大浅蜊。

形态、生态：壳长大约 10 厘米。外壳又厚又硬，就如同它的名字，壳内呈紫色。生活在潮间带水深 10 厘米左右的沙泥地。

产地、食用最佳时期：主要分布在我国辽东半岛和山东半岛之间的渤海、黄海海域。日本主要在北海道南部以南各地捕捞。也有部分分布于朝鲜半岛。全年都可以捕捞，但上市旺季在春季到初夏。

瑶柱

可以生食，但烧烤更美味。紫石房蛤体型较大，有嚼劲。

紫石房蛤的剥离处理方法　◎ 使用一般双壳贝的处理方法。因为水管比较大需要切开使用。

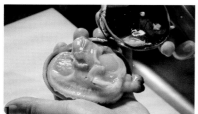

1
切断瑶柱，将壳内部的肉全掏出。

2
拆离两个瑶柱。

3
剥离贝足上的裙边。

4
清理裙边，切开水管。

5
水管部分细沙较多，冲洗干净。

6
贝足、瑶柱、裙边、水管分离的状态。

圆蛤

别名：厚蛤。

形态、生态：壳长 10 厘米以上，外壳坚硬厚实。外形比文蛤更圆润。

产地、食用最佳时期：广泛分布在北美大陆东海岸全线。日本主产于东京湾和大阪湾。我国主产于山东。夏季最肥。

可生食。咸味较重，可以做浓汤。火太大肉质会变硬。外壳坚硬，可食用部分不多。

瑶柱

白贝

别名：海白、海肥、白贝齿。日本白贝有荒筋皿贝、红皿贝和白贝三种。

形态、生态：外形稍微宽长扁平，壳长在 10 厘米左右。贝壳像是喷过漆一样白皙且光滑。生活在潮间地带水深大约 20 厘米的沙泥地。

产地、食用最佳时期：广泛分布于我国南海海域，每年 6~8 月大量上市。日本的白贝大多产自北海道，食用最佳时期在春天。

贝足的部分用于刺身很好吃。和北极贝一样生活在沙泥地中，所以里面含有很多细沙。适合酒蒸、烧烤，搭配意面等。

瑶柱

赤贝

别名：魁蚶。因为赤贝的血是稀有的红色（大部分贝类的血液是透明的），而且肉身也是红色而得此名。

形态、生态：壳长 10~12 厘米，壳顶膨胀突出，有 42~43 条纵向放射肋。外有棕色绒毛。

产地、食用最佳时期：主要分布在中国、日本及朝鲜沿海，生活在水深 20~35 米的软泥或泥沙质海底。日本的产地在三陆、仙台湾、东京湾、三河湾、伊势湾、濑户内海、有明海等地，但捕捞量却急剧减少。食用最佳时期在秋季到来年春。

瑶柱

常用来做寿司，也会用于刺身、凉菜、醋汁味噌等料理。鲜味与甜味并存，口感清香，裙边也很美味。处理赤贝时不会用过多的水冲洗，而是用厨房纸小心地取出沙砾。肝部用于佃煮也是一道美味佳肴。

赤贝的剥离处理方法　◎ 采取普通双壳贝的处理方法。因为开贝刀难以插入壳内，所以先打开壳的缝隙。也可以从两边的连接处打开。

1 左手拿贝，对准壳缝插入开贝刀，拇指在上面压住，撬开壳缝。

2 开贝刀插入右侧裙边下面，沿着外壳划动切断瑶柱连接处。另一边同样插入壳右侧，然后切断瑶柱连接处。

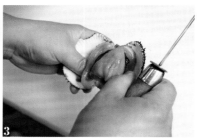

3 如果还有连接的部分伸入手指拆除。

4

现在是取出内部肉的状态。

5

分离足部和裙边（带有瑶柱）。

6

分开的状态。

7

处理裙边。从中间切两半。

8

用刀尖清理裙边的薄膜。

9

不剥离瑶柱的状态下切除裙边的剩余部分。

10

裙边中包裹很多细沙，用刀背刮掉。没有清理掉的细沙用厨房纸抠出来。

11

对半横切贝足。

12

完全分离的状态。

13

菜刀插入肝下部，切掉肝部。

14

现在是裙边（带有瑶柱）、贝足和肝完全分离的状态。

* 保存方法参照 59 页。制作刺身参照 65 页。
* 保持赤贝的鲜味十分重要，不要用水过分冲洗。
* 肝部可以食用的季节（夏天可能会导致食物中毒，不要食用）中赤贝可以冷冻或佃煮（参照 73 页）。

紫鸟贝

别名：鸟蛤，日本叫鸟贝，为大型、深水埋栖的双壳贝类，足部肌肉发达，能时常用足从海底飞跃跳起运动，故名鸟蛤。

形态、生态：通常寿命有 1 年左右，壳长 7~9 厘米（其中有的会活 2~3 年，壳长会达到 10 厘米以上）。柴鸟贝雌雄同体。产卵期有春秋两次。贝壳近圆形，表面的放射肋约 40 条，长有短毛。生活在水深数十米内湾的泥地。

产地、食用最佳时期：我国的紫鸟贝产量很少。日本的野生紫鸟贝产量也很少，主要产于太平洋一侧的东京湾、三河湾、伊势湾。紫鸟贝的旺季是夏季。

贝足部分可以食用，用于高级寿司或刺身、凉拌菜等料理。稍微焯一下甜味出来更美味。市场上卖的一般都是切开的贝足。春季会有带壳的新鲜紫鸟贝但数量稀少。生食海味明显，别具一格。

瑶柱

紫鸟贝的剥离处理方法 ◎

采取一般双壳贝的处理方法。紫鸟贝外壳薄脆，容易破裂。新鲜的紫鸟贝足部发黑，当鸟贝不新鲜的时候黑色就褪去。在砧板上摩擦会导致掉色，所以尽量用玻璃等摩擦力较小的案板。

1 开贝刀插入双壳内，撬出缝隙。

2 按照开双壳贝的方法切断两边的瑶柱，从壳中掏出肉。

3 用手指扯掉贝足上的裙边。

4 整理出裙边。

5 扯掉的裙边和肝。

6 从肝上扯掉裙边，瑶柱不动。

7 去掉贝足上的薄膜。

8 足部和裙边分开的状态。

9 清理裙边，去掉多余的筋。

10

裙边中有细沙，用水冲洗干净。

11

把足部带颜色的那一面朝上放置（尖的一面朝向左边）在砧板上。

12

用菜刀横向切成两半。

13

这是切开的样子。

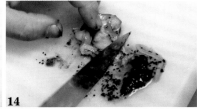

14

清理里面的内脏。

15

这是清理好的贝足和裙边。

* 做刺身时，将贝足在砧板上敲击几下使其变硬味道更好（参照 64 页）。

黄鸟贝

瑶柱

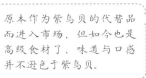

原本作为紫鸟贝的代替品而进入市场，但如今也是高级食材了，味道与口感并不逊色于紫鸟贝。

别名：白令海鸟尾蛤，日本又叫虾夷石垣贝、虾夷石荫贝。外形和紫鸟贝相似，区别是紫鸟贝的贝足为黑色；黄鸟贝的贝足是淡黄色。黄鸟贝比紫鸟贝的价格低。

形态、生态：壳长 7~8 厘米。贝足呈浅黄色。外壳饱满，有 43 条左右的放射肋，外形和紫鸟贝相似。

产地、食用最佳时期：我国主产于黄海和渤海海域。日本的野生黄鸟贝产量较小，养殖区在岩手县陆前高田市，食用最佳时期在夏天。正好在紫鸟贝的时令结束后作为代替品。

黄鸟贝的剥离处理方法

◎ 采用一般双壳贝的处理方法。

1

开贝刀插入贝壳缝隙，沿着贝壳滑动，切断两边瑶柱的连接处。

2

打开贝壳，取出肉身。

3

扯掉贝足上的裙边。

4

把足部的尖头一面朝左放在砧板上，横向切成两半。

5

内脏部分用刀刮去。

* 之后如果要用于制作刺身或寿司，就放在砧板上多捶打几次让肉质变硬。

大竹蛏

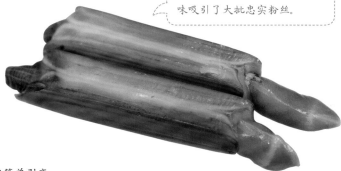

味道鲜甜，可烤、蒸、煎等。烤大竹蛏很好吃，其独特的香味吸引了大批忠实粉丝。

别名：蛏子王、大马刀贝、剃刀贝。

形态、生态：外形细长，两边伸出贝足和水管。壳长 10~15 厘米。

产地、食用最佳时期：我国从北到南沿海均有分布。日本主产于山口县、三重县等地区的海域。食用最佳时期在春天。

大竹蛏的剥离处理方法 ◎ 用手就可以简单剥离。

1 拇指插入一边的肉和壳中间，移动拇指，剥离肉。

2 另一边也剥离。

3 整体从壳内取出。

4 茶色的筋口感不好，要去除。

5 这是处理完毕的状态，大竹蛏外壳薄脆，可食用部分多。

蛏子

别名：缢蛏。

形态、生态：有棱角的长方圆形外壳。和大竹蛏不同的是，入水管和出水管会从根部深入到海底。

产地、食用最佳时期：产地分布于我国南北沿海，尤其是浙江、福建等省，食用最佳时期是 6~8 月。日本主产于鹿岛市海域。捕渔期在5~8 月。

煎、烤、煮都可以，甘甜味香，内部会附着很多细沙，要先清理干净再使用。外形和大竹蛏相似，但是两者的味道完全不同，加热后的味道更香。

大和蚬

形态、生态：日本的蚬子有真蚬、瀨田蚬和大和蚬 3 种。捕捞的蚬贝 99% 以上都是大和蚬，生活在海水和河水混合区域（半咸水湖）大概不到 10 厘米水深的沙泥地中。让大和蚬生长到可以捕捞的程度最少需要 2 年，寿命有 10 年以上。

产地、食用最佳时期：著名产地有日本北海道的钢走湖、宫城县的北上川、茨城县的涧沼川等。为日本特有，我国不产。

大和蚬在清理完细沙后可以浸泡在1%比例的盐水中保存。最经典的食用方式还是制作味噌汤。冷冻起来后香味更浓郁。

青蛤

别名：环文蛤、赤嘴仔、赤嘴蛤。

形态、生态：壳长 4~5 厘米，外壳颜色和蚬贝相近（有些产地的贝是白色），壳体圆润饱满。

产地、食用最佳时期：中国和日本海域均有出产，生活在潮间带下部水深 20 厘米范围内的细沙泥地。七八月份最肥美。

和花蛤、文蛤等烹法相同。肉质水分多，加热后肉质会紧缩。鲜红色外表十分美观。

紫彩血蛤

别名：紫蛤、橄榄血蛤，日本又叫矶蛤。

形态、生态：壳长 4~5 厘米，外壳薄脆，扁平。右壳比左壳稍饱满膨胀。生活在和河口域、内湾的潮间带沙泥地，退潮时可以捕捞。

产地、食用最佳时期：分布在日本各地，以及朝鲜半岛、中国黄海海域。旺季在夏季。

酒蒸十分美味。

牡蛎图鉴

牡蛎俗称海蛎子、生蚝，是世界第一大养殖贝类，是人类可利用的重要海洋生物资源之一，为全球性分布种类。这里介绍长牡蛎、岩牡蛎、非日本产牡蛎等品种。

可食用牡蛎

我国人工养殖的牡蛎主要有4种：近江牡蛎、褶牡蛎、密鳞牡蛎和长牡蛎。长牡蛎也称真牡蛎、日本真牡蛎。日本可食用的牡蛎大致分为真牡蛎（即我国的长牡蛎）、岩牡蛎，以及有明海的近江牡蛎，还有濒临灭绝的密鳞牡蛎等。

牡蛎的生态

牡蛎繁殖的方式有两种，一种是雌性产卵，雌雄异体；另一种是雌雄同体，产下的牡蛎也是雌雄同体。长牡蛎在性别变化的时候，可以吸收大量营养成分的牡蛎就变身雌性，并进入繁殖期；如果营养吸收不够的话就会变成雄性。不论哪种情况，出生后开始两周左右的浮游生活（只有这段时间会用足部在海中移动），找到合适的场地固定住，之后一直都不会离开，进食浮游植物以摄取营养。因为固定不移动，遇到退潮的时候为了避免太阳光的暴晒等，它会在体内积攒大量水分，另外由于本身能量消耗较少，肌肉并不发达，汲取的营养全部都用于内脏的生长。因此，牡蛎的内脏营养丰富，口感美味。

牡蛎的养殖

利用牡蛎的特性，有多种养殖方式。我国主要采用吊绳养殖、插柱养殖、打桩吊养。日本最初会将竹子插入海中，牡蛎会自然附着在上面，后来将牡蛎悬挂在木筏下面进行养殖，并沿用至今。

日本长牡蛎

别名：白蚝、海蛎子、蛎黄、蚵、太平洋牡蛎。日本叫真牡蛎。

形态、生态：壳长多为5~8厘米。贝壳的外形和大小都不统一，但一般来说一侧的壳更大更饱满，另一侧的壳更小更扁平。在食物充裕的温暖海域中人工养殖的牡蛎成长快，反之水温低或营养不足的环境下生长更缓慢。

产地、食用最佳时期：我国渤海、黄海、东海、南海均有牡蛎生产基地。日本各地也都有牡蛎养殖。肉质最鲜美的时候在冬季，但产地和养殖方法的不同，上市时期会有或长或短的变动。生食加热都很美味。可用于嫩煎、油炸、意面等各种料理中。

◎ 养殖

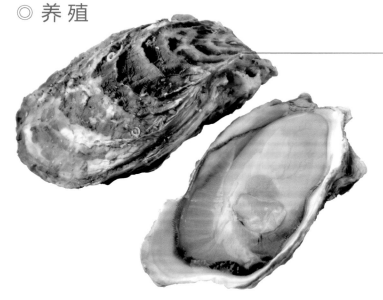

日本三重县的牡蛎

三重县志摩市生产的牡蛎是世界上有名的牡蛎，肉质新鲜肥美，外形整洁美观，是优秀的海味食材。

兵库县播磨滩产的牡蛎

在濑户内海东部的播磨滩，有相生湾、坂越湾、室津湾三个产地。河流上流有阔叶林分布的公园，也有完善的排水设施。从河流带来的养分混杂在一起成为渔场，作为饵料的浮游植物十分丰富。通常花两年时间养殖的牡蛎在这里只需要一年。养出的牡蛎肉质肥美甘甜，生食或加热都可以。

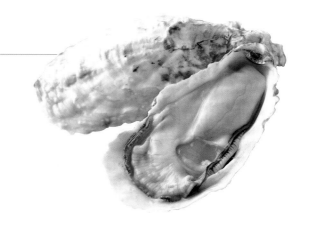

北海道厚岸特产丸卫门

位于北海道厚岸的厚岩湖是连接着沙堤的半咸水湖，这对于牡蛎来说是摄取营养的绝佳场所。充分利用得天独厚的自然环境养殖的牡蛎就是厚岸牡蛎。在海水和淡水交换的场所生长，最后进入厚岸湾的海水处捕捞出售。厚岸有牡蛎卫门、那贺卫门和丸卫门三种品牌，其中的丸卫门是从宫城县引入幼贝，然后在厚岸海域养殖 1~3 年。那贺卫门则是在宫城县的海域的地方养殖 2~4 年，然后再引入厚岸海域继续养数月，让其体型增大。

北海道厚岸特产牡蛎卫门

从采卵到成熟都在厚岸海域完成的，是纯正厚岸生长养殖的牡蛎。实行单种养殖的方式*，让肉质比外壳能汲取到更多营养。体型小，有色深圆润的弧度，味道浓郁，口感非常好。

* 单种养殖方式：一般的牡蛎养殖方式是悬挂上扇贝的贝壳，让牡蛎的幼苗附着在上面，当长到一定程度时需要移动养殖伐让其继续生长。而单种养殖方式是为使幼苗附着，使用一次只能附着一只幼苗的小牡蛎壳，附着在小壳的幼苗在长成一定大小的幼贝后，放入水槽继续养殖，然后移出笼子放入大海，伴随着牡蛎的生长，场所从笼到海一直在变化。这样的牡蛎肉大壳小。

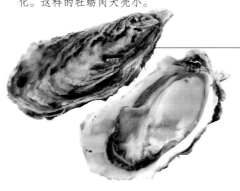

北海道仙风趾特产

仙风趾是厚岸湾边沿的渔场，位于厚岸湖的相反面。后面是钏陆湿地，营养物质丰富的河流从森林流入大海。河流湍急，海带生长也很繁盛。这里的牡蛎使用的是宫城县的幼贝。因为海水很急所以无法使用牡蛎木筏，而是采用单种养殖。为了在厚岸湾让牡蛎长肥，悬挂的地方和丸卫门几乎一样。

长崎县小长井町产

这是位于九州西北部，有明海的谏早湾北部的小长井町生长的牡蛎。原本养殖海苔和蛤蜊的谏早湾由于填海造田，变成了平静的大海，于是开始了新的养殖事业——牡蛎养殖，正式开始于2001年。有明海的潮起潮落差距很大，退潮时水深只有3米左右，这样的环境十分适宜牡蛎养殖。外壳不大但瑶柱肥美。加热后肉质会紧缩，更方便烹饪，十分有人气。

长崎县九十九岛产

九十九岛位于长崎县，有200多个小岛的海域，也是旅游观光胜地，正常水深，但因为小岛密布，浪潮的水流不会过分湍急，而且原本是养殖珍珠的地方，海水营养价值较高，十分适合牡蛎养殖。

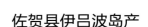

佐贺县伊吕波岛产

位于佐贺县唐津市的伊万里湾有一座无人岛——伊吕波岛，伊吕波牡蛎就是在岛周围养殖的。伊万里湾的波浪平静，富含矿物质的水从陆地流入，带来了丰富的浮游植物，如今已是养殖牡蛎的著名产地。

福冈县丝岛特产牛奶牡蛎

丝岛市位于福冈县最西端。丝岛半岛西侧有自然条件较为优越的渔场。水流源自玄界滩，以及与佐贺县交界处的脊振山脉，牡蛎可以直接摄取大量养分，十分适宜牡蛎养殖。养殖者不断考量如何控制笼里的牡蛎数量，以及悬挂场所和潮间的水流等，削薄外壳而保持肉质肥美是主流的养殖目标。

大分县中津市特产干泻美人

位于大分县中津市北部的中津干泻为了恢复当地渔业发展开始了牡蛎养殖。在干泻养殖方式上，模仿了澳大利亚的柯芬湾牡蛎（参照 40页），是日本首个引入该养殖方式的品牌牡蛎。他们采用的单种养殖（参照 33 页），同样也是放入笼中吊起来，但是期间利用了中间育成装置（利用野生种苗集中养殖的装置）进行中间育成养殖。因此幼贝会以正常的 1.5 倍速度生长，缩短了养殖时长。

熊本县上天草产

在岛原湾到八代海中间，浪潮汹涌的地方就是上天草渔场。浪潮活跃，适于养殖牡蛎，养殖速度快且肉质好。养殖场都是潮水活跃饵料丰富的地方，长牡蛎和岩牡蛎肉质新鲜，能感受大海的味道，都是高品质的牡蛎。

日本岩牡蛎

别名：夏牡蛎。

形态、生态：体型比长牡蛎大 2~3 倍，壳长有时会超过 20 厘米，形似岩石。生活在水深 3 米的礁石上。

产地、食用最佳时期：著名产地有日本海边的鸟取县、石川县、山形县等地。旺季在夏天。

长牡蛎与岩牡蛎的不同

岩牡蛎比长牡蛎的体型更大，寿命更长。两者的食用最佳时期不同。长牡蛎基本在冬天开始出产，而岩牡蛎就如它的别名夏牡蛎一样，最佳时期在夏季。这与牡蛎的产卵期有关系。因为牡蛎到了产卵期会储备营养，所以产卵期就是最佳食用时期，这段时期的牡蛎肉会变得更加肥美。在产卵期结束后，营养会吸收消化完毕，肉会变瘦，这时的牡蛎就不好吃了。而长牡蛎和岩牡蛎的产卵期和产卵方式有些区别，所以最佳食用时期也有所不同。

牡蛎产卵与海水温度有关。长牡蛎会在 9 月开始储备营养，为了在海水温度上涨的 5 月产卵。所以，2~3 月是美味的时期。另外，当海水达到一定温度时，长牡蛎会一次性排出卵，然后身体也会一下子瘦下来。在临近产卵的 4 月，长牡蛎体内有很多卵，肉质腥味过重。岩牡蛎会在海水温度上涨的 6~9 月产卵，和长牡蛎不同的是，它们并不会一次性排卵，而是会分成几次完成排卵。也就是说它们不会一下子瘦下来，会保持一段时期的营养在体内，所以夏天的时候也是可以食用的。

◎ 养殖

熊本县上天草产

这是和长牡蛎在相同海域养殖的岩牡蛎。和长牡蛎品种不同，当然味道也不同，但这里的岩牡蛎口感新鲜，海味浓郁。

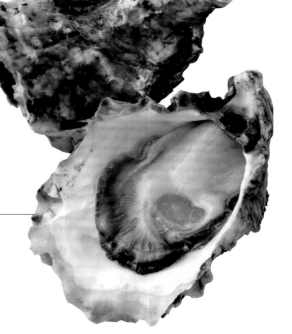

福冈县丝岛特产 Sound 牡蛎

这是和长牡蛎中牛奶牡蛎相同海域养殖的牡蛎。这种牡蛎肉质也十分肥美。

石川县能登半岛产

之前能登半岛长牡蛎养殖都是在海水平静的半岛东侧的七尾西湾进行的，但岩牡蛎则是在面向远洋一侧的轮岛、珠洲、高滨、柴垣等地。所以这种牡蛎是第一次在能登养殖出的岩牡蛎。在几年前就有热衷于牡蛎养殖的人开始实验性地养殖，到如今终于可以进入市场。

鸟根县春香

养殖于鸟根县隐岐诸岛，是养殖岩牡蛎初上市的品牌。以前这里只有野生岩牡蛎，近些年由于岩牡蛎的市场需求增加，野生牡蛎开始供应不足，于是开始了人工养殖。现在该品牌的牡蛎销售到世界各国。隐岐位于鸟根县以北，除了有港口的海士町以外基本上没有住宅，所以海水十分干净，也不用担心病毒等问题，春香牡蛎可以让人感受到养殖者的热情——专注于安全美味的牡蛎。

兵库县赤穗水晶

这是一个比较年轻的岩牡蛎品牌。这里的岩牡蛎采用了罕见的单种养殖方式（参照 33 页），这是岩牡蛎的第一次尝试。另外，赤穗水晶的牡蛎都是没有产卵的牡蛎，因为不产卵没有储备营养，所以体型小肉质紧实。牡蛎养殖通常需要 3~4 年，这期间会多次产卵，肉质味道会变化，但这种未产卵的牡蛎只有岩牡蛎本身独特的味道，口感清新。

◎ 野生

* 近些年人工养殖的牡蛎越来越多，但野生的牡蛎仍很有市场。不同
  地区为防止过度捕捞，会限制调整渔期。不论野生还是养殖的牡蛎
  都可以品尝出当地大海的味道，因为野生牡蛎最少需要 4 年才能长
  成，所以大海的水质都对味道和肉质有很大影响。

京都府伊根湾产

若狭湾的丹后半岛东边的伊根湾是著名的"舟
屋之乡"。三面围山，潮水稳定，是十分适宜
养殖的海湾。不仅牡蛎，还有贻贝、方头鱼也
很有名。这里的牡蛎可以让人直接感受到大海
的味道，其岩牡蛎是独一无二的。

福井县小滨湾产

位于若狭湾最深处的平静入水口的
小滨湾的水质养分充足，适于养殖
牡蛎。作为当地产业，野生的牡蛎
也是重要的一部分，每年都可以品
尝到体型小巧又美味的牡蛎。

德岛县吉野川产

吉野川从西到东横贯德鸟县。在河口附近可以拾到岩牡蛎。瑶柱个头大，口感好，有嚼劲。

各国的牡蛎

* 实际上，各国的牡蛎多以日本牡蛎为基础养殖的品种。生命力旺盛的日本牡蛎解救了美国或法国等牡蛎不足的危机。但是，日本和其他国家对牡蛎口味上的喜好和食用方式有所不同。日本人喜欢大牡蛎味道浓郁柔软的肉质，欧美人喜欢体型小巧的牡蛎，或喜欢对比品尝不同种类的牡蛎，或者搭配酒一同食用。

澳大利亚鱼子酱牡蛎

悉尼岩牡蛎是其正式名称。它是悉尼本地牡蛎，生活在以悉尼为中心南北 400 千米范围之内。蓄养牡蛎然后出口日本。体型小巧但需要花费3~4年成长。因为是当地的品种，所以只能在悉尼当地养殖。刚入口味觉甘甜而后辛涩是这种牡蛎的独特口感。牡蛎就是年份越久味道越浓郁，所以它的辛涩也就越明显。尤其是小体型的牡蛎口感十分强烈。

澳大利亚柯芬湾产

柯芬湾是一个人口只有400人的小城，海水清澈干净，还有营养物质丰富的海水流入，人们把牡蛎装笼养殖。大分县的干泻美人就是模仿这里的养殖法。在澳大利亚刚开始牡蛎养殖的时候，带走了日本六七个地方的牡蛎，这其中有熊本县当地的熊本牡蛎。因为外形小巧很受欢迎，所以开始模仿这种外形养殖长牡蛎。利用笼子缩小外壳的生长，中间还会筛选一些削薄外壳，养殖出贝壳弧度大的牡蛎。所以这样的牡蛎比普通的外壳更坚硬，味道也更浓郁。牡蛎养殖要利用潮起潮落，退潮的时候它们从海里浮现出来，这时感到危险的牡蛎会在内脏中分泌出糖原，也就是说这时的牡蛎味道甘甜。而且它们的外壳厚重，削薄外壳是为了将贝壳的养分传递到肉质。

新西兰凯帕拉湾产（有机）

从奥克兰乘车一小时左右就会到达凯帕拉湾，对面是玛胡兰基海湾。这两处海湾通过了德国十分严格的有机认定机构的审查，这里养殖的牡蛎是有机的。先从海水平静的玛胡兰基海湾中收集种苗，慢慢养到一定大小后一个个分开装入笼中，运到离山更近、养分更丰富的凯帕拉湾，花费半年的时间长肥肉质。这里的人们喜欢外形小巧的牡蛎，所以他们会在养殖的中期将贝壳稍微削薄，这样的牡蛎肉质紧实味美，且容易下口。

在新西兰可以找到花蛤的同伴——TuaTua（可以生食的贝，我国叫图阿图阿）。

美国熊本牡蛎

美国从日本熊本引入牡蛎养殖，美国受欢迎的并不是体型较大的长牡蛎，而是小型的熊本牡蛎（有明海土生土长的牡蛎）。如今熊本牡蛎已在美国有了广泛的市场，但日本的熊本牡蛎反而养殖数量却越来越少而供应不足，现在需要从美国进口。熊本牡蛎生长缓慢，达到可食用大小需要花费三四年，但它的香味十分浓郁。

美国普吉特海湾产

这是位于美国西北部华盛顿州的普吉特海湾盛产的牡蛎。属于从日本引入的长牡蛎后代分支之一。这种牡蛎体型是普通牡蛎的三倍大，由于不产卵，所以身体肥胖起来的速度更快，全年都可以进入市场，因此也备受关注。

加拿大库西牡蛎

加拿大库西牡蛎肉质有甘甜的味道，原本是长牡蛎的分支，之后使用独自开发的翻滚装置，将牡蛎放入笼子中通过自动翻滚的机械来削薄贝壳。让输入贝壳的营养转向软体，肉质更加肥美。

日本牡蛎酒馆的牡蛎处理方法

长牡蛎、岩牡蛎，以及从日本之外采购的很多体型小巧的牡蛎外壳坚硬厚实。只要掌握三种牡蛎的处理方法，几乎所有的牡蛎就都没有问题了。不论哪一种牡蛎，瑶柱的位置都不变，基本的处理方法是一致的。首先切断瑶柱的连接部分，打开外壳，将软体取出。使用的工具是开贝刀（牡蛎专用）。开岩牡蛎的时候刀刃较长，其余的牡蛎使用一般长度的刀即可。

长牡蛎

1

外壳凹陷较深的一侧朝下，连接的壳顶朝左放置，瑶柱就在中间偏右下的位置。先处理瑶柱部分，插入开贝刀。

瑶柱

这是开贝刀（牡蛎专用）。

2
左手固定住贝壳，沿着盖壳（上壳）插入开贝刀。

3
左右轻轻滑动刀。

4
切断瑶柱的连接部分。

5
剥落壳内剩余部分。

6
打开贝壳，分离上盖。

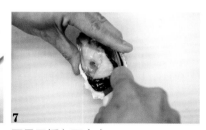

7
开贝刀插入下壳内。

8
沿着贝壳滑动刀分离肉质。

9
用水冲洗，小心取出全部肉质。

10
干净的一面朝上，重新摆放到壳内。

岩牡蛎

1
和长牡蛎一样，凹陷较深一侧的贝壳朝下，连接的壳顶朝左放置，在比长牡蛎稍稍靠右一点的位置，插入岩牡蛎专用开贝刀。

2
沿着盖壳（上壳）插入开贝刀。切断瑶柱的连接部分。

3
剥落盖壳内剩余部分。

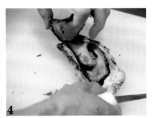

4
打开贝壳，分离上盖。

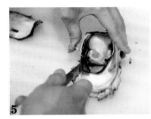

5
开贝刀插入下壳内。沿着贝壳滑动刀分离肉质。

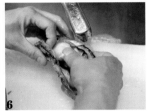

6
用水冲洗，小心取出全部肉质。

7
干净的一面朝上，重新摆放到壳内。

* 因为外壳又大又硬，所以刀刃更长的专用开贝刀使用更顺手。
* 岩牡蛎外壳比长牡蛎更厚，但延伸到靠前的地方贝壳更薄一点，所以从前端下手比较好处理。

非日本产的牡蛎

1
从贝壳的前端（壳顶的相反面）垂直插入开贝刀。

2
沿着上面的盖壳左右滑动开贝刀。

3
撬开盖壳。

4
切离上面瑶柱的同时打开贝壳。

5
分离盖壳。

6
开贝刀插入另一侧壳内。沿着贝壳滑动刀分离肉质。

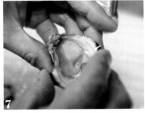

7
用水冲洗，小心取出全部肉质。

8
干净的一面朝上，重新摆放到壳内。

* 开贝时利用杠杆原理，因为非日本产的牡蛎体型小且外壳坚硬。日本的牡蛎这样撬就会弄破外壳。

螺类图鉴

蝾螺

多用于刺身或蝾螺壶烧。雌性的性腺为绿色，雄性为乳白色。二者味道不同，各有千秋。蝾螺的外壳薄脆，和其他小型贝一样。烹饪时也可以直接下锅煮然后取出肉食用。

别名：拳螺、旋螺。

形态、生态：壳长10厘米以上。体型小巧的称为姬蝾螺（并不是另外的品种）。外壳有突起，有长有短。生活在潮间带水深30厘米左右的礁石上。足部发达、筋肉丰富。贝足后面有着石灰质口盖。夜间活动。附着在礁石上用齿舌刮取海藻进食。

产地、食用最佳时期：蝾螺广泛分布于我国的黄海和渤海海域，有些蝾螺如夜光蝾螺是国家二级保护动物，禁止捕食。日本主产区在长崎县。产卵期在夏天，食用最佳时期在冬天到来年春。

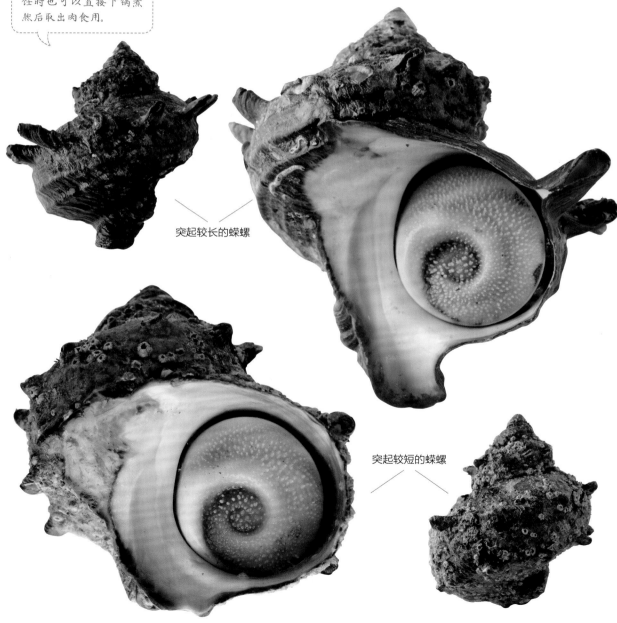

突起较长的蝾螺

突起较短的蝾螺

蝾螺的剥离处理方法 ◎ 活体直接取出。先掏取内部软体然后掏出剩余部分。

1 开贝刀直接插入口盖的缝隙间，沿着壳口转圈活动。

2 将开贝刀转向手边，挑出口盖部分并切掉。

3 接下来掏取剩余部分，拉住附着在壳内侧的壳轴筋就很容易取出剩余部分。所以要伸入手指找到连接部分，顺着内壳壁活动拆壳轴筋。

4 之后软体部分会轻松取出来。

5 带着尖部完整地取出来。螺旋状部分就是性腺，图片上是乳白色的，所以这只是雄性。

6 然后清理干净，配合不同料理做切分处理。* 壶烧参照 67 页。

* 通常"肝"的部分就是蝾螺的性腺，人们常认为它很苦，但其实是没有苦味的。

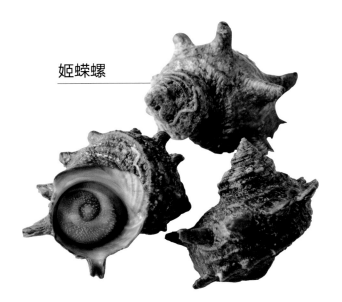

姬蝾螺

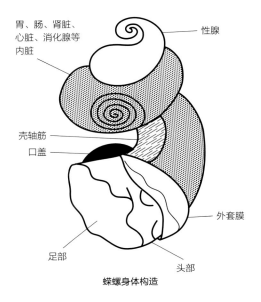

胃、肠、肾脏、心脏、消化腺等内脏

性腺

壳轴筋

口盖

外套膜

足部

头部

蝾螺身体构造

鲍鱼

别名：海耳、鳆鱼。

形态、生态：皿状外壳，体型偏大的壳长达 10~20 厘米，呈椭圆形。贝壳背面有孔，用于排水、排泄、以及排出卵子或精子。生长缓慢，5 年时间才可以长到 12 厘米。

产地、食用最佳时期：我国东北的海域适合鲍鱼生长。日本鲍鱼渔获量最多的是濑户内海、北海道的太平洋一侧、宫城县等地。夏天是黑鲍鱼和日本大鲍食用的最佳时期。冬天则是虾夷鲍鱼的时令。野生鲍鱼的外壳都是纯黑的；人工养殖的是绿色的（因为饵料不一样），而且干净。

生食制作刺身会很有嚼劲。蒸熟之后的鲍鱼口感也不错，和萝卜搭配煮会变得柔软。

九孔鲍

别名：杂色鲍。

形态、生态：壳长 7 厘米左右，和澳洲鲍鱼的幼仔相似。可以通过贝壳上的开洞孔区分鲍鱼和九孔鲍，鲍鱼有 4~5 个孔，九孔鲍有 6~9 个。

产地、食用最佳时期：九孔鲍在我国主要分布在福建以南沿海地区。日本有名的九孔鲍产地有三重县志摩半岛周边等地。产卵期从夏到秋，食用最佳时期在春到初夏。

多用于炖煮或酒蒸，或嫩煎、烧烤。带壳整体下锅煮味道很好，是高级贝类食材。

鲍鱼的剥离处理方法 ◎ 切离中间的壳轴筋，掏出软体，分开各部位。注意不要弄破肝。肝指的是中肠腺和前面发达的生殖腺。

1

在一侧的外壳撒满盐，然后用手指揉搓清理一下污垢。

* 用盐揉过肉质也会紧缩，更有嚼劲。

2

清水冲洗干净。

3

从外壳较薄的一侧将平板铲插入肉质下面，切断中间的壳轴筋。

4

切离壳轴筋之后取出软体。

5

完整取出软体。

6

稍微用水清洗一下。

7

从这里拆分，去除多余部分。

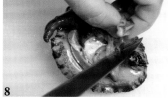

8

从足部去除肝和裙边。

9

因为长的密实需要借助刀。

10

如果用手可以剥离的话扯掉即可。

11

剩余的裙边用刀切除。

12

切除内脏部分（前端的性腺是绿色，所以图中的是雌性。雄性是乳白色。）

13

需要食用裙边的话之后要清理。

14

口部肉质较硬要切除。

15

将刀尖端插入口部周围，这样比较方便切除。

之后将要使用的部分整理好
（制作刺身参照 64 页）。
内脏部分软糯，用来制作汤汁也很不错。

16

这是取下的口部。

17

虾夷法螺

别名：真螺。

形态、生态：壳高可以达到15~20厘米，属于大型贝。主要分布在北海道或东北北部水温较低的海域，属于寒海性贝类。长到可捕捞大小需要10年时间，再大一点需要15年以上。

产地、食用最佳时期：大多产自日本北海道，虾夷就是北海道的旧称。食用最佳时期在夏天到来年早春。

此螺海腥味重，有嚼劲。属于虾夷科虾夷属的贝类长有唾液腺，有微量毒素，处理时需要切除。外形和口感都不错，可以明显品尝到贝类食材的味道，用于刺身也很受欢迎。肝也美味。

脉红螺

别名：赤螺、红螺、红里子、刺螺。因为壳口和贝壳内则呈红色而得名。

形态、生态：壳长可达10~15厘米。生活在内海湾潮间带水深20厘米左右的礁石、沙地和沙泥地。属于肉食性贝类，会捕食蛤蜊或牡蛎等双壳贝等。

产地、食用最佳时期：主产于我国黄海、渤海海域。日本则主产于爱知县、濑户内海等地。食用最佳时期在春天。

脉红螺经常作为蝾螺的代替品使用。生食可以用于刺身或寿司，稍微过水煮、炖或烧、煎都很不错。肉质有甜味，可以明显品尝到贝类食材的味道。烹饪时火候太大肉质会变硬。另外，它长有鳃下腺，里面含有紫色色素。

虾夷法螺的剥离处理方法 ◎ 活体直接取出。

*掏取方法基本和蝶螺一致。

1
开贝刀直接插入口盖的缝隙间，沿着壳口转圈活动。

2
取出盖壳附近的软体部分并切掉。

接下来掏取剩余部分，拉住附着在壳内侧的壳轴筋就很容易取出剩余部分。所以要伸入手指找到连接部分，顺着内壳壁活动拆壳轴筋。

4
软体部分已脱离贝壳。

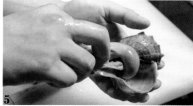

5
旋转内部软体并扯出来。

6
带着尖部完整地取出。

7
这是完全取出的肉质。

8
可以看到上面有白色脂肪块一样的唾液腺，将其切除。

9
用手指轻松去掉。

10
取掉盖壳后一边用水冲洗一边揉搓，去掉黏液。

11
摘除前端的肝。

12
用水冲洗揉搓壳轴筋和裙边的部分，去掉黏液。

13
将上述第10、11步的部分放在手掌中，撒盐揉搓，去除表面的黏液。

14
用手掌一边轻轻挤压一边揉搓，然后用水冲洗，然后吸干水分，配合不同料理做切分处理。

*贝肝加酒煮汤之后可以用于各种料理中，肝脏可以生吃，也可以加热制熟。肝脏完全制熟后更入味，味道更好。

越中贝

别名：白螺。因为螺壳颜色灰白，在关东的海鲜市场也称为白螺。

形态、生态：壳长 10 厘米左右，分布在日本能登半岛以西的海水深 200~500 米左右寒冷海域的沙泥地。另外，主要分布在石川县或富山县的北陆到北海道的白贝也称作"加贺贝"。它是肉食性贝类。

产地、食用最佳时期：日本能登半岛、鸟根县、山口县的渔获量较大。越中贝的最佳食用时期在 11~12 月。

> 多用于炖菜或盐水煮、味噌汤。外壳薄脆，易破裂。和虾夷法螺不同，没有带毒素的唾液腺，可以整只下锅煮。身体很柔软，炖煮或用于刺身都很美味。

虾夷贝

别名：矶螺。

形态、生态：壳长 5 厘米左右。白色的外壳坚硬且饱满。虾夷贝外表颜色有黑有灰。

产地、食用最佳时期：主要产地位于日本北海道，全年都有售。

> 它属于小型贝，所以大多用来带壳煮熟后用牙签挑出来食用。和酱油搭配食用味道很好。肉全部可以食用，做成简单的下酒小菜也很方便。没有太重的味道，一般人都可以吃。

红娇凤凰螺

别名：篱凤螺、跳螺。

形态、生态：壳高 6 厘米左右，圆锥状外壳。

产地、食用最佳时期：我国主要产区在台湾地区。日本的产区分布在房总半岛以南地区，高知县全年都可捕捞，和歌山县规定在 6~8 月可捕捞。可盐水煮、炖或炒。

> 味道清甜不腥，螺肉很容易取出。

扁玉螺

别名：肚脐螺、海脐。

形态、生态：壳直径 6 厘米左右。分布在北海道以南到冲绳的潮间带水深 10~30 厘米的浅海沙泥地。它属于肉食性贝类，会捕食蛤蜊等双壳贝。移动时会将内部软体伸出来，包裹住蛤蜊等，然后分泌一种酸，软化猎物的贝壳，打开 2 毫米左右的缝隙后吃掉猎物。

产地、食用最佳时期：扁玉螺是常见贝类，我国南北海域均有出产。日本日常可供应的地区有爱知县、三重县和千叶县的特定区域。最佳食用时期在春天，经常会在捕捞蛤蜊时和蛤蜊混在一起捞上来。

用于炖煮，常搭配日式料理，有嚼劲。加热后肉质会变得很硬。

松叶笠螺

别名：松叶贝。

形态、生态：壳长 5~8 厘米。外壳形状和头上的笠帽很相似故得名。生长相当缓慢，需要数年才能长 1 厘米。栖息在礁石海岸的潮间带上部。喜欢临近远洋的清澈海岸，在内湾数量较少。用齿舌啃食岩石上的藻类植物。

产地、食用最佳时期：主产于日本房总半岛以南的海域，以及朝鲜半岛。在产地可以吃到，基本上不在市场流通。

可用于炖煮、烧烤或味噌汤汁等。用于制作刺身口感很好。肝也不错。口部附近的白色唾液腺很硬，要去除。

松叶笠螺的剥离处理方法 ◎ 用手指可以轻松取出。

1 用拇指剥落内部软体。

2 从壳中掏取肉质（去除唾液腺）。

3 软体切到方便食用的大小。

4 用刀剁碎肝，可用于制作肝酱油，和肉质一起食用也可。

素面黑钟螺

别名：熊子贝，因为它外壳的质感像熊皮。

形态、生态：壳高、壳径长约 35 毫米。类似圆锥形，外壳为黑色。涨潮时会附着在石头上，退潮后藏匿到石头下面。

产地、食用最佳时期：主产于韩国、越南，以及我国台湾地区。春天人们在海岸边经常能拾到熊子贝。

> 可以用于煮食、制作味噌汤，或和酱油、糖一起炖。因为外形小巧，所以用作下酒菜很方便。

昌螺

别名：汤玛氏虫昌螺。

形态、生态：壳径 3~4 厘米。贝壳不高，表面光滑有光泽，有纯黑色的，也有白色的，还有浅褐色和条纹模样的等。分布在水深 10~20 厘米的浅海沙泥地中。

产地、食用最佳时期：主要分布于我国台湾地区，还有韩国的海域及日本鹿儿滩。食用最佳时期从春到夏。

> 带壳整体炖、煮等。因为里面多细沙，所有要清理干净后使用。火候过大肉质会变硬，所以需要小火煮开，然后立马关火，用余温加热，这样可以保持肉质的软弹。

马蹄螺

别名：无。

形态、生态：外壳呈圆锥形，壳高 5 厘米左右。壳底面平坦，侧面看像正三角形。以岩石表面的藻类、羽叶藻、海藻等大型褐藻为食。

产地、食用最佳时期：我国主产于南海。日本主要分布在北海道南部到九州的太平洋的礁石海岸。食用最佳时期从春到夏。

> 带壳整体盐水煮，也可用于味噌汤或炖菜。属于海边小型贝类的代表，人气超高。最近价格也涨了不少。

夜光蝶螺

夜光蝶螺在我国《国家重点保护野生动物名录》中属于二级保护动物，禁止捕食，在此只介绍。在日本可捕食。

别名：夜光贝。

形态、生态：成年的夜光蝶螺体重可达2千克，外壳直径达20厘米以上，属于巨型贝类。内部有珍珠，外壳会用于制作工艺品或贝质纽扣。以海藻为食。

产地、食用最佳时期：分布在热带到亚热带的印度洋、太平洋区域。日本的夜光蝶螺生活在近海的屋久岛、种子岛以南的温暖海域水深30厘米左右的低洼处。

在日本，可以用于刺身或嫩煎，肉质软弹有嚼劲。加热后肉质变硬，和海螺味道相似。稍微过下热水肉质甜味会更明显。

类似贝类食材图鉴

*虽然不是贝类，但感觉和贝类差不多。

龟足

别名：佛手贝、鸡冠贝、观音掌。

形态、生态：形状类似龟的足，一般长3~4厘米（或再大一点）。带有鳞片状的褐色柄部下面是足部一样的外形。和虾、螃蟹等都属于甲壳类动物，但它会固定在岩石上，不移动。生活在潮间带礁石缝隙中，群居生活。类似足部的部分中会长出蔓足（蔓状足部），以海水中的浮游植物为食。

产地、食用最佳时期：我国主要分布于东海和南海。日本则产于千叶县、静冈县各地。食用最佳时期从春到夏。

盐水煮，剥去茶色柄部外皮，食用中间肌肉，用黄油烧烤也很美味。小型龟足可用来熬汤，或做拉面的底汤。

海鞘

别名：海中凤梨。

形态、生态：一般食用的海鞘指的是真海鞘，但还有红海鞘、玻璃海鞘等其他种类的海鞘。它们大多以过滤海水中的浮游植物为食。

产地、食用最佳时期：我国黄海、渤海产量最大。日本的真海鞘生活在各地均产，在三陆海岸还有人工养殖。红海鞘多为野生，在北海道可以拾到。玻璃海鞘则生活在温暖海域。食用最佳时期在春天。一般多生食，有独特苦味。玻璃海鞘比真海鞘味甜、无涩味。

[真海鞘]

玻璃海鞘的处理方法 ◎ 对半切开，取出内部橘色肉质，清理内脏。

1 从正中间对半切开。

2 这是切开的状态。

3 剥离橘色肉质软体。

4 用刀刮掉内脏。

藤壶

别名：马牙。

形态、生态：藤壶和虾、螃蟹同属甲壳类生物，雌雄同体，和龟足一样会附着在石头、贝壳或船底不移动。在喷火口一样的孔中有 4 个嘴一样的部分，从里面伸出蔓足捕捉浮游植物。峰富士藤壶是富士藤壶中较为大型的品种，高度有 5 厘米左右。

产地、食用最佳时期：我国东南沿海分布较多。日本主要产自青森县，多人工养殖。食用最佳时期在夏天。

可以盐水煮、酒蒸或用于味噌汤等。味道类似螃蟹。水煮、生食都很不错。煮出的汤也是不错的汤汁。

焯煮藤壶 ◎ 不要煮得过久，煮出的汤可以另作汤汁使用。

1 锅中加水，刚刚没过藤壶即可，然后放盐，开火。

2 捞除白沫。

3 水沸腾后改小火再煮 3 分钟左右，关火。暂时先保持 70℃的温度，用余温加热一会儿。

4 用钳子固定住周围的壳。

5 一边剥离一边取出软体。

6 也可不用钳子，用手来剥。

7 完全掏出内部即可食用。

专业餐厅的贝类食材
基础知识和处理技术

◎ 辨别新鲜贝类

紫石房蛤

左边是新鲜的紫石房蛤。可以看到裙边，右边是不太新鲜的，水管松弛下垂，贝壳的缝隙开口过大。

新鲜的贝（左）里面肉质满满，拿起来也能感受到它的重量。

大黄蚬

左边是新鲜的大黄蚬，右边是不太新鲜的，贝壳闭合不紧，可以看得到内部。

不太新鲜的贝（右）用手触摸肉质也不会闭合贝壳。

扇贝

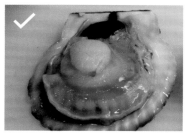 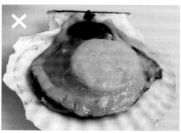

从贝壳的缝隙中看，然后轻轻触摸内部，如果没有反应的话就是已经死亡。左边是新鲜的，瑶柱挺直。右边的扇贝不太新鲜，内部已瘫软。

* 不太新鲜的贝，开火加热后也是可以食用的，如用来炖煮。根据需要，可以适量增加料酒或别的调味料。

虾夷法螺

新鲜的螺，软体会缩到里面，外表也很水润。

软体从贝壳中伸出后，用手指触摸后就会有反应，缩回壳内。

不太新鲜的螺，软体不会向内缩。

手指触碰也不会向内缩，还会掉色。

◎ 花蛤如何去泥沙

* 在沙泥地中生活的贝类身体中大多会有泥沙，所以要清理干净。营养出和它生活环境相似的场所，让它吐出泥沙。

在扁平的筅篱里放入适量花蛤，尽量不要相互重叠挤压（不然上面的花蛤吐出后会被下面的吸进去）。加入 3% 浓度的食盐水，刚刚没过它们即可。

用报纸等遮盖住上面（模仿海中的环境），搁置 1 小时左右。之后用水清洗花蛤。

* 清理出泥沙后，从盐水中捞出，放常温环境中 1~3 小时，夏天放入冰箱后香味会更浓郁（其中的琥珀酸会成倍增加）。

◎ 螺的处理方法

* 活体取出的简单方法。不用装回贝壳里上菜时可用如下方法取出软体（需要保留完整外壳的情况参照 45 页、49 页）

1 单手固定住螺体（图片中的是虾夷法螺）。

2 用钳子敲打外壳膨胀饱满的地方（因为这里外壳薄脆易破裂，再靠上的部分外壳较为坚硬）。

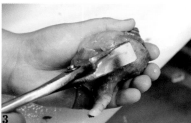

3 一边横向两边移动一边用钳子敲打。扩大外壳敲碎的范围。

4 左手拿着剩下的贝壳，右手抓住贝壳软体。

5 朝着和前端螺旋形状相反的方向扭动软体，一边扭动一边向外扯。

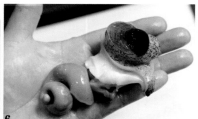

6 这是完整取出内部的样子。

◎ 贝类的保存方法

* 贝类食材的新鲜度至关重要，尽量要在新鲜的状态下切开使用。剥离处理的方法以及保存方法不同，食材最后的新鲜度也会有所不同。

带壳保存

将刚采购回来的贝排列放入笊篱里，上面用布裹盖住，放入冰箱保存。

* 这种状态下最多可以保存 2~3 天。

打开后的贝类保存

* 因为水管中有水分，搁置不管的话肉质会紧缩（或者会变得软乎乎的），口感变差，所以需要切开后吸干水分后保存。

白海松贝

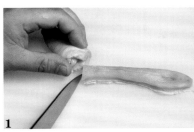

1
切分开和水管连接的部分。

2
将水管对半横切。

3
这是切开的状态。

4
用厨房纸吸干水管里的水分。

5
在容器中铺一层厨房纸，然后排列好水管，密封，放入冰箱保存。

带子

1
用厨房纸将清理干净的瑶柱上的水分吸干。

2
在容器中铺一层厨房纸，然后排列好瑶柱，密封，放入冰箱保存。

赤贝

1
用厨房纸吸干清理干净的贝足。想要完整保存住赤贝的香味，就不要用水过分冲洗。

2
裙边内有泥沙堆积，冲水清洗干净后吸干水分。

3
在容器中铺一层厨房纸，然后排列好贝足，密封，放入冰箱保存。

◎ 蒸煮小型贝类

* 像昌螺、马蹄螺等小型贝，带壳直接用盐水煮，或用酱油、糖等煮出甜味，然后做成下酒小菜等。
* 小型贝在烹饪时要注意火候，突然使用大火温度过高会使软体肉身缩回壳内，肉质也会变硬。需要小火慢煮，这样肉身不会缩回去，炖煮后肉质也更柔软。

昌螺　* 用盐水煮后更方便搭配料理。需要酱油味时，只需把盐换成酱油和糖。

1 将清理过泥沙的昌螺放入大碗，撒些盐，用手揉搓。

2 加水洗净，去掉泥垢。

3 入锅，加水没过螺即可，调小火并加入适量的酒。小火慢煮。

4 捞除白沫。

5 加入适量盐。加热到一定程度后关火（因为这种贝类体型小所以可以捞出一个试吃一下）。

6 转移至保存用的容器中，降温后直接放入冰箱。

煮熟后的食用方法

1 先用牙签挑出一点。

2 顺着螺旋转的方向取出内部软体。

3 带着顶端完整地取出，然后去除口盖部分。

马蹄螺 ＊和昌螺一样煮熟即可。

煮熟后的食用方法

1

马蹄螺比昌螺稍微大一点，可以用一个长一点的扦子，先刺穿一部分的肉。

2

沿着螺旋转的方向转动。

3

取出内部。

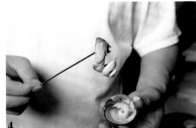

4

带着前端部分完整取出。

5

性腺的颜色可区分性别。雄性为白色，雌性为绿色。

6

去除口盖的部分。

◎ 蒸鲍鱼

＊ 处理好的鲍鱼一部分作为刺身食用，其余部分立刻酒蒸保存，用于其他料理。酒蒸出的汤汁可以当高汤使用。

＊ 鲍鱼和白萝卜一起蒸的话，肉质会更加柔软（因萝卜中含有的淀粉酶有致嫩效果），但新鲜鲍鱼一蒸就会变软，所以也可不加白萝卜。

1

在带壳的鲍鱼上撒盐，揉搓，冲水洗净（参照 47 页）。放入大碗中倒入酒，刚刚没过即可，将鲍鱼放进蒸笼，调至中火。

2

蒸 2 个小时左右就可以了。

3

和汤水一起盛入密闭的容器中，等待冷却后放入冰箱保存。

◎ 味噌酱菜

* 颗粒状白味噌中兑入蒸好的酒，放入糖调制味噌底料，然后用底料来腌制贝。腌制好的贝稍微烘干（参照 249 页的贝类的味噌酱菜）。

* 是生腌还是煮熟后腌制，这取决于是何种贝。如，扁玉螺生腌后肉质就会变硬，煮熟后口感更好。

味噌底料

西京粒味噌（粗颗粒味噌）	2 千克
糖	300 克
煮好的酒	90 毫升

在味噌中加入糖和酒后搅拌。

1 在保存的容器底部铺上味噌底料，然后铺一层纱布，纱布上面排列好贝肉。

2 上面再铺一层纱布，然后大致再撒一层味噌底料，然后放入冰箱。1~3 日就可以食用了。注意不要放置太久，不然会太过辛辣。

◎ 白海松贝水管外皮的使用方法

* 一般白海松贝水管外皮都会丢掉，但有的店会烘干做一种菜品出来。像是薄脆的海苔一样，是十足的海味小吃。或者直接平铺晒干后用酒或酱油入味后再晒干。

这是没有调味直接晒干的状态。外表像油炸的一样（参照 172 页的海松贝菜品）。

调味之后晒干的情况

1 先将水管外皮的一端从剥离好的白海松贝上切下。

2 酱油和酒混合，外皮放入，泡几分钟。

3 平展在毛巾上。

4 用毛巾挤压，吸出多余的水分。

5 平铺在笊篱上，放置一晚干燥即可。

贝肉千层酥

瑶柱和奶油搭配，贝肝味噌或鲣鱼酒盗都能增添一些咸味。上面盖一层白海松贝水管外皮，做个完美的点缀。

材料：

扇贝瑶柱	2 个
带子的瑶柱	半个
奶油芝士	适量
贝肝味噌（参照 70 页）	少量
鲣鱼酒盗（鲣鱼做的下酒菜）	少量
干燥的水管外皮（参照 62 页不调味干燥皮）	适量

1 将扇贝瑶柱对半横切，带子瑶柱切成 5 毫米厚片。

2 将干燥后的白海松贝水管外皮切成 5 厘米左右宽度。

3 盘子上铺 4 个切好的外皮。

4 在两种瑶柱中间，夹涂适量奶油芝士，放在水管外皮上。扇贝瑶柱上放贝肝味噌，平贝瑶柱上放鲣鱼酒盗，然后上面再分别铺一层干燥外皮。

◎ 熏制

* 贝类食材很适合熏制。可以用多种贝类进行尝试。

* 熏制后的贝类，可制成直接吃的熟菜（参照 229 页烟熏白螺麝香葡萄沙拉）。

用盐水煮（或蒸好）后从壳内取出贝肉，放入熏制器（或炒锅），再放入樱花树片，加热。在铁丝网上铺好贝肉，出烟后盖好盖子。熏制 30 分钟。

专业餐厅的
经典菜品

◎ 刺身

提到贝类食材，人们往往最先想到的
就是刺身。

试吃比较不同种类的贝类，可以品尝
出风格各异的味道与口感。

赤贝和紫鸟贝等贝肉在砧板上敲击
后，肉质稍稍变硬会更有嚼劲。

带子 *处理方法参照 15 页。*

1 这是处理完毕的瑶柱。

2 竖切，切断内部纤维。

紫鸟贝 *剥离处理方法参照 28 页。*

在砧板上敲击几下清理完毕的贝足
部分，稍微变硬后更容易下刀。裙
边也切至适中大小，和贝足一起搭
配盛放。

* 也可以用于制汤。

北极贝 * 剥离处理方法参照 20 页。

  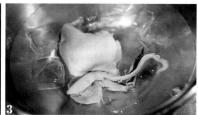

1 水煮开后，将清理完毕的贝足肉放入热水，当肉变粉色后捞出放入冷水中。

2 裙边也过一下热水，然后放入冷水。

3 贝足和裙边冷却后控干。

* 有人喜欢生食北极贝的贝足，鲜味更浓。焯下水味道会更甜。

赤贝 1 * 剥离处理方法参照 26 页。

1 在对半切开的贝足一侧下刀细切。

2 放在砧板上敲击，让肉质变硬。

赤贝 2

剞十字刀纹。之后放至砧板敲击，让肉质变硬。

1 从对半切开的贝足的侧边，纵向细切开口，但不要切断。

鲍鱼 * 剥离处理方法参照 47 页。

1 刀向右稍稍倾斜，下刀时一边扭转刀刃一边向下削。

2 在切面上就会出现波浪一样的锯齿状纹路。

* 肉质偏硬且有弹性的鲍鱼，在切面上切出锯齿样的纹路后更方便筷子夹，也方便吸收酱油。

◎ 烤贝

和刺身同样受欢迎的还有烤贝。

虽然简单，但可以充分品尝到贝肉的美味。

正因为烹饪方法简单，在开始的食材处理和烤制方式上做些调整，菜品的呈现就会有所不同。

切分贝肉，盛壳烤制

紫石房蛤   * 剥离处理方法参照 24 页。

贝肉可以完整食用，所以从壳中取出后可以再完整装回壳内。内部可能有很多细沙，所以要先去除口感不好的部分，然后切得大小适中再装回壳内，最后进行烤制。

1 切分成贝足、贝肝、瑶柱、裙边、水管各自分开的状态。

2 用水冲洗掉泥沙。

3 瑶柱先放入壳内，肉身和肝切成适中大小。

4 裙边和水管切成适中大小。

5 完全盛入壳内（在营业前会事先准备到这一步），然后拿到炭火台的铁丝网上，用七八成的火力烧烤，浇上贝汤汁就可以了。

生海苔烤贝

在快要烤好之前铺一层生海苔会很有味道，再淋一点酱油就可以食用了。

蝾螺（壶烧）   * 脱壳取肉方法参照 45 页。

1
这是掏取出来的肉。

2
在一侧有红色的口部，口感不是很好，所以要去除。

3 用手指抠去即可。 **4** 这是去掉的口部。

5
这里黄色的筋是导致味苦的原因之一，所以要注意烤完之后去除（在生的状态下是去不掉的）。

6
在性腺之前的这个部分是胃、肠等内脏。

7
先用手指揪掉性腺。

8
在性腺根部会有沙状的东西，用手指找到后去除。

9
把壳轴筋上轻飘飘裹着的"裙边"一样的部分（外套膜）去掉。

10
流水冲洗壳轴筋。

11
将可食用的内脏部分切成适中大小的块。

12
切除口盖部分，然后将肉身部分切成适中大小。

13
将 10~12 步处理好的部分装进壳内（在营业前准备到这一步。）

* 胃的部分有很多不干净的沙砾等，所以要切除。

直接烤制后开壳的方法

花蛤

* 烤制时要注意火不要太大，不然肉质会太硬，而且贝的香味会慢慢散去。
* 在烤之前剪掉两边连接部分的韧带，在烤制途中贝壳会慢慢打开，但如果没有打开就需要时刻注意是否烤好。
* 上桌前会将贝肉切成一口大小。

1. 用剪刀剪掉韧带，放到铁丝网上。注意火不要太大，不然肉会焦。

2. 稍微冒出些泡的状态。

3. 将剪刀插入贝壳缝隙。

4. 用钳子固定好下面的壳，打开贝壳（烤时瑶柱会脱落，肉会粘到上面的壳上。）

5. 为了不让下壳的汤汁溢出，完全打开贝壳。

6. 用剪刀剪断两壳的连接部分。

7. 用钳子夹好下壳，将里面的汤汁匀一些到上壳中。

8. 继续慢慢烤。

9. 用筷子分离瑶柱，将肉翻面。

10. 在空的壳内加一些酒，花蛤酒就做好了。

11. 烤好的状态。

12. 用剪刀将壳内的肉剪到易于入口的大小，然后放回壳内。出菜时搭配花蛤酒。

白贝   * 半生状态有腥味，火候太大肉质又会太硬。所以要小心掌握火候。

1 先将整个白贝放到炭火上，慢慢烤（白贝烤制途中是不会自己打开壳的，所以之前不剪掉韧带也可以）。

2 和花蛤一样，先用剪刀和钳子打开贝壳，然后切断两壳的连接部分。

3 用筷子分离瑶柱。

4 将贝肉翻面。

5 用剪刀将壳内的肉剪到易于入口的大小，然后滴点酱油。

◎ 扇贝肉末

经常用竹荚鱼（又叫马鲭鱼、巴浪鱼）做的肉末菜，这次的主角换成贝。这里使用的是扇贝，用其他贝类也可以。

1
先来做贝肝味噌。将煮好的贝肝（带子、白海松贝、赤贝等的贝肝）用刀剁碎，然后和味噌、牡蛎酱、糖、蒜（切碎）、生姜（切碎）、长葱（切碎，长葱是日本的一种葱白很长的葱）等一起搅拌。

2
另取长葱切成 5 毫米宽的粒。

4
切好的葱和瑶柱放入大碗中，加入适量肝味噌。

3
将扇贝瑶柱切成 1 厘米左右的块状。

5
充分搅拌混合。

1 将洗好的贻贝放入锅中，倒入足够
分量的日本酒，盖上锅盖，开火。

2 中间加些水。

◎ 酒蒸贻贝

酒蒸贻贝是经典中的经典。贻贝多使用红
酒，但用日本酒味道也不错。酒的量多时，
煮好的汤汁香味扑鼻。

3 捞除白沫。

4 贝壳开口后，用剔鱼骨的工具
拔掉足丝（比煮之前更容易去
除）。再放回锅中，放入切成大
块的蔬菜，煮好后盛盘。

◎ 贝酒

多了贝类独有的香味的酒。像是河豚鳍酒的
贝类版本。建议使用外表漂亮的紫鸟贝。

材料：
紫鸟贝（提前将开壳的贝足肉控干一天） 适量
日本酒 适量

将控干的紫鸟贝稍微烤一下，放
入杯子，倒入加热后的日本酒。

◎ 花椒九孔鲍

九孔鲍是很适合煮的贝类食材，小火煮上 30 分钟后
关火，自然冷却。

材料：

九孔鲍	2 千克
水	2 升

调料：

A	酒	500 毫升
	浓口酱油	250 毫升
	溜溜酱油	25 毫升
	糖	550 克
花椒		20 克

1 清洗干净九孔鲍，放入锅中加入
适量水，开大火，放入调料 A。

2 沸腾后捞除白沫。

3 改小火，加入花椒煮 30 分钟。

4 关火后等待自然冷却，切成方便
入口的大小，和壳一起盛盘。

◎ 佃煮赤贝肝海苔

佃煮的过程需要 2~3 周，在可食用期间肝需要冷冻
保存（夏季不可食），并且积攒到一定量。只用肝
的话可以加一些海苔。

材料：

赤贝肝	20 份

调料：

	水	300 毫升
	酒	150 毫升
A	酱油	50 毫升
	溜溜酱油	100 毫升
	糖	200 克
烤制的海苔		10 片

1 煮熟赤贝后去掉杂质，然后下锅。

2 加入调好的 A 料，开火。

3 稍微煮几分钟后，撕碎烤制的海苔放入锅内。

4 变得稍显黏稠后再多煮一会儿。

5 等到水分吸收后出锅。

◎ 贝汤

这是用花蛤熬制的汤。用足够的花蛤在较短的时间内熬成浓汤时，花蛤的肉不会紧缩，可以搭配意面。

1 将清理干净的花蛤暂且放到常温环境（增加香味）。

2 然后放入锅内，加入刚刚没过花蛤的水即可。开大火，加入适量的酒（足够多的花蛤加适量水，短时间加热后加酒可以熬出浓汤）。

3 当水沸腾后，搅拌一下。

4 途中捞除白沫。

5 关火，加入适量盐。

6 用筛子过滤掉水。

花蛤肉的使用方法

* 将熬过汤（或煮过）的花蛤，连瑶柱在内完整取出的方法如下：

1 煮过的花蛤的肉大多都会到贝壳一侧（因为一边的瑶柱已经脱落，贝肉会倾倒到另一边）。

2 手指抵着有肉的一侧，向外一扯就可以完整地取出来。

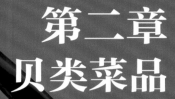

第二章
贝类菜品

为充分展示新鲜贝类食材的独特味道，擅长各种贝类菜式的主厨将为我们介绍花样的贝类料理。

扇贝·绯扇贝

蜂蜜扇贝配石榴白衣

用蜂蜜浸过的微甜扇贝料理。
生的扇贝口感独特，
搭配温热的日本清酒。

绍酒腌地肤子扇贝

绍酒的味道和扇贝十分登对。
地肤子生脆的口感和柔软的贝肉形成对比，
建议用大片的紫苏叶包裹着贝肉食用。

野生扇贝芦笋慕斯

漂亮的粉色是野生扇贝卵巢的自然色。
浇头也是自然呈现出来的。

扇贝山药碗

在鱼肉糜的基础上加入山药泥，为扇贝瑶柱增添几分
不一样的口感与香味。

蜂蜜扇贝配石榴白衣

材料（适量）

扇贝瑶柱（刺身用）	适量
蜂蜜	适量
花豆（一种杂粮）	适量
糖	适量
白外衣 ⎰ 嫩豆腐	1 块
⎱ 糖、白芝麻末、淡口酱油	各少量
盐渍樱花	少量
石榴（果肉）	适量
花穗紫苏	少量
黑胡椒碎（粗粒）	少量

1 将扇贝瑶柱浸泡在蜂蜜中一整晚。蜂蜜的量要没过瑶柱。

2 花豆提前用水浸泡一晚，焯后倒出水，然后锅内加水，开火。倒入糖，并且分 3 次加入，需要煮出甜味。

3 制作白衣。锅内加水，然后放入切碎的嫩豆腐，开火。水沸腾后用筛子过滤掉水。放入白中捣碎，并加入糖、白芝麻末和淡口酱油，调味。

4 腌渍樱花用流水清洗，轻轻揉搓掉多余盐分，切成碎末。

5 将步骤 1、2 的食材切成易于入口的大小，放好石榴果肉和切好的腌渍樱花，然后浇上豆腐做的白衣。

6 盛盘，最后撒上花穗紫苏和黑胡椒碎。

绍酒腌地肤子扇贝

材料（4 人份）

扇贝瑶柱	8 个
地肤子（一种中药材）	1 包
花穗紫苏	适量
紫苏叶	2 叶
酸橘（切成方便榨汁的大小）	1 个

调料

酱油	200 毫升
绍酒	100 毫升
糖	1 小匙
海苔汤	3 克
生姜	5 克

1 清理干净瑶柱，充分吸干水分。

2 瑶柱里加上调料，浸泡 20 分钟。

3 瑶柱捞出切成一口大小，和地肤子一起盛盘，撒上花穗紫苏，摆上紫苏叶和酸橘。

野生扇贝芦笋慕斯

材料（1 人份）

野生扇贝的卵巢	4 个
牛奶	200 毫升
芦笋	4 根
贝汤（参照 74 页）	200 毫升
片状明胶（用水浸泡）	10 克
盐	适量
扇贝瑶柱	1 个
扇贝裙边（用相同量的酱油和酒淹泡后晒干）	1 个

1 切除芦笋坚硬的部分，然后切成适当大小，用盐水煮。

2 控干芦笋，混合贝汤，一起放进榨汁机打匀，过滤掉渣滓。

3 放入锅内开火，放入明胶使其熔化。等待自然冷却后倒入器皿中，放进冰箱冷冻。

4 扇贝的卵巢清理干净内部的泥沙后入锅，倒入牛奶直到刚刚没过卵巢，开火、煮熟后放入搅拌机打匀，过滤掉渣滓，放进冰箱冷却（冷却后会变黏稠）。

5 步骤 4 的食材上面倒入步骤 3 的食材，放上盐水焯过的芦笋尖，以及扇贝瑶柱和扇贝裙边。

扇贝山药碗

材料（4 人分）

扇贝贝柱		100 克
鱼丸	白身鱼肉糜	1 千克
	煮切酒	450 毫升
	蛋清	1 个
	盐	少量
香菇		4 朵
裙带菜（盐腌）		适量
蔬菜芽		少量
淀粉		适量
吸物 *		适量
淡口酱油、甜料酒、酒、盐		各少量

* 吸物：鲣鱼干和昆布煮出的汤 1 升、2 大勺酒、2 小勺淡口酱油、小半勺粗盐混合后煮至沸腾。

1 将白身鱼肉糜放入臼中，倒入煮切酒和蛋清后搅拌捣匀，加入少量盐调味。

2 扇贝贝柱洗净后沥干水分，切成小块后裹上淀粉。

3 白身鱼肉糜和扇贝贝柱混匀，制作成 25 个小鱼丸，蒸熟。

4 香菇去根，加酒和盐，放在网架上烤制。

5 裙带菜切成大块，放入锅内，加入吸物、淡口酱油、甜料酒混合加热后，开小火煮一会儿。

6 步骤 3 和步骤 4 的食材盛入碗中（1 人份），加入步骤 5，浇上温热的吸物清汤，最后点缀蔬菜芽。

扇贝蘑菇贝烤菜

扇贝和蘑菇搭配牛油和面粉
做成的带汤汁的烤菜。
扇贝的外壳当作一个器皿使用。

扇贝炸鱼块

以扇贝为主的油炸料理。

酒盗瑶柱薯片

鸡胸肉搭配扇贝和薯片。
蘸上酒盗酱汁，搭配日本酒。

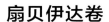

扇贝伊达卷

用贝肉代替鱼肉的伊达卷。
如火候过大水分会流失，
要保持松软的口感，
注意调节火候并且尽量在短时间内完成。

扇贝蘑菇贝烤菜

材料（8 人份）

扇贝（带壳）		8 个
洋葱		1 个
蘑菇	姬菇（又叫小平菇）	1 包
	香菇	6 个
朴树果（朴树的果实）		1 包
色拉油		两大勺
盐、胡椒、酒、淡口酱油		各少许
汤汁	黄油	100 克
	低筋面粉	100 克
	牛奶	500 毫升
面包粉		少量
奶酪粉		少量

1 扇贝中取出瑶柱、卵巢（或精巢），分离出裙边并且清洗干净，然后全部都切成适中大小。
2 洋葱切成薄片，蘑菇切掉根部。
3 煎锅倒入色拉油，油热后放入以上两步的食材，加盐、胡椒、酒和淡口酱油翻炒。
4 制作汤汁。另起锅放入黄油后开火，加入低筋面粉，稍微搅拌，注意不要煳锅。为了途中不会结块倒入少量牛奶。
5 将以上第 3、4 步的食材混合后加盐和胡椒调味，盛到扇贝壳上，撒上面包粉、奶酪粉，然后放进烤箱烤至稍微金黄后取出。

扇贝炸鱼块

材料（10 个）

A	扇贝瑶柱	500 克
	白身鱼肉糜	100 克
蛋黄液 *		50 克
B	牛蒡、胡萝卜、毛豆、黑木耳	各适量
	底料汁 *	适量
油		适量
生姜塔塔酱 *		适量

* 蛋黄液：蛋黄内加入色拉油用打蛋器充分搅拌后的成品。
* 底料汁：水加入盐、酒、淡口酱油煮的汤汁，用于调味。
* 生姜塔塔酱：在蛋黄酱中加入碎生姜和适量生姜汁后充分搅拌而成。

1 将材料 B 中的牛蒡、胡萝卜、黑木耳切成小块，和毛豆一起稍微用盐水煮一下，然后放到底料汁内浸泡。
2 将材料 A 的食材放入搅拌机打匀，然后放入臼中，将步骤 1 的食材控干后也放入臼中，用铲子切碎拌匀。
3 取适量揉捏成团，放入 170℃ 油锅里炸。吸干油分后盛盘，旁边加上生姜塔塔酱。

酒盗瑶柱薯片

材料（36~40片）

鸡胸肉	1块
扇贝瑶柱	2个
淀粉	少量
油	适量

酒盗酱汁	酒	100毫升
	鲣鱼酒盗（鲣鱼下酒菜）	20克
	蛋黄	4个
	马什卡彭奶酪	适量

1 将鸡胸肉和扇贝瑶柱切成适中大小，加入淀粉，用擀面杖敲打。

2 放在砧板上，撒一些淀粉，用擀面杖擀平，切到火柴盒大小，放到油锅里炸。

3 酒盗酱汁：将鲣鱼酒盗和酒都倒进锅内炖煮，然后滤掉渣滓放进大碗。加入蛋黄，倒开水烫一下，用打蛋器搅拌，加入马什卡彭奶酪后再次充分搅拌。

4 将步骤2的食材上倒一些步骤3的酱汁。最后盛盘。

扇贝伊达卷

材料（1个）

鸡蛋	3个
扇贝瑶柱	3个
料酒	20克
糖	15~20克
淡口酱油	少量
色拉油	少量

1 扇贝瑶柱切到适中大小，和鸡蛋、料酒、糖、淡口酱油一起放进搅拌机打到细腻柔软，大概需要5分钟。

2 煎蛋锅内倒入一点色拉油，将步骤1的食材放入煎蛋锅，用铝箔纸将锅整体包裹密封起来。开火，使热量进入内部（直到铝箔纸膨胀起来可以用手指按下去的程度）。

3 取下铝箔纸后食材翻面，金黄的一面朝上。

4 同时，用竹帘卷起来，放进冰箱降温之后切成适中大小。

扇贝里脊配蘑菇鲑鱼子

贝肉和里脊肉十分登对，
细嫩的肉质，喷香扑鼻。
扇贝和蘑菇等清淡口味的食材中加一些酸辣味，
再加上罗勒叶等香草后，
又能感受到一丝清润爽口，
丰富有层次的口感，回味无穷。

扇贝炸萝卜

扇贝搭配萝卜，水润多汁。
经过两次翻炸，萝卜变得薄脆。
另外，加热扇贝时要注意火候。

扇贝意面

包括裙边在内的整个扇贝都是本道菜的食材。
筋道的意面中渗入了扇贝的香味，
上面淋的塔塔酱让菜品整体协调，
色香味俱全。

扇贝派

西班牙腊肠增添了
丰富的香味与口感。
夹在了贝壳形状的派中，
食用时多几分趣味。

扇贝里脊配蘑菇鲑鱼子

材料（1人份）

扇贝瑶柱	1 个
蘑菇：姬菇、滑菇、平菇、金针菇	各适量

	香菇（切薄片）	6 个
	洋葱（切薄片）	1/2 个
香菇酱汁	橄榄油	适量
	鸡汤	200 毫升
	盐	少量

盐渍猪里脊肉 *	少量
鲑鱼子 *	适量
罗勒叶	少量
柠檬汁	少量

* 盐渍猪里脊肉：用盐腌猪里脊肉大约 6 小时，然后清理掉盐，切成薄片。

* 鲑鱼子：鲑鱼卵放到 70℃的热水中，用筷子搅拌开。捞出加入适量日本酒、水、酱油后搅拌。

1 香菇酱汁：锅里倒入橄榄油，放进洋葱和香菇后慢慢翻炒。加入鸡汤炖煮几分钟，加点盐调味，然后倒进搅拌机打匀。

2 盐渍猪里脊肉用煎锅煎一下。

3 将扇贝瑶柱的两面切成格子状，加上盐和橄榄油，开大火在煎锅中煎一下表面，呈现金黄色即可。然后切成容易入口的大小。

4 蘑菇清理干净，用橄榄油煎一下。

5 将温热的香菇酱汁放进合适的容器，盛上扇贝瑶柱和蘑菇，再放上里脊肉、鲑鱼子、罗勒叶，上面稍微淋一些柠檬汁。

扇贝炸萝卜

材料（1人份）

扇贝	2 个
萝卜（用铝箔纸包裹着蒸熟）	适量
盐	适量
烤海苔	适量
面粉	适量
油炸面糊（在搅拌好的蛋液里加面粉、气泡水和切碎的蒜）	适量
油	适量

番茄酱	番茄（裹上盐和橄榄油后烧烤）、蒜（烧烤后）、巴旦木（烧烤后）、橄榄油　各适量

* 以上食材全部放入搅拌机，滤去渣滓。

蒸煮圆白菜（参考下文）	适量
苦菜、红苋菜	各少许

1 将扇贝瑶柱两面剞十字花刀（肉质不容易紧缩）。

2 将蒸熟的萝卜、扇贝肉切成相同大小。

3 在瑶柱上撒盐，和萝卜叠到一起，用烤海苔将整体包裹起来，用牙签固定。

4 将步骤 3 的食材裹上面粉、油炸面糊后放进 180℃油锅里炸定型，升高油温复炸。

5 在盘中倒上番茄酱，将蒸煮圆白菜用柠檬汁调味并摆盘。步骤 4 的食材捞出后切成适中大小，放一些苦菜、红苋菜，最后撒盐。

蒸煮圆白菜

橄榄油烧热，加入蒜碎，香味散去后放入月桂叶和切成适中大小的圆白菜，稍微加些盐，搅拌后上锅蒸。蒸好后放入底部有冰块的大碗里（使用时加入柠檬汁调味即可）。

扇贝意面

材料（1 人份）

干意大利面	40 克
岩盐	适量（占水 1.5% 的量）
蒜碎	1 瓣
橄榄油	适量
扇贝高汤（参照 266 页）	80 毫升
扇贝瑶柱	1 个
扇贝 塔塔酱 — 柠檬汁	少量
盐	适量
特级初榨橄榄油	适量
青辣椒（切小块）	1 根
特级初榨橄榄油	适量
扇贝薄饼（参照 266 页）	1 个

1 水中加入 1.5% 的岩盐后开火，沸腾后放入意面。

2 煎锅加入橄榄油和蒜，翻炒到稍稍变色，倒入 80 毫升扇贝高汤后调至小火炖煮。

3 煮意面期间制作扇贝塔塔酱。将扇贝切成 5 毫米大小的小粒，加入少量柠檬汁、特级初榨橄榄油调味。

4 意面煮到还有点硬度后捞起，放入步骤 2 的煎锅里加热，让意面吸收汤汁直到意面熟透，加点水，然后放入青辣椒和特级初榨橄榄油就可以了。

5 盛盘，上面放扇贝薄饼，最后再放上扇贝塔塔酱。

扇贝派

材料（1 人份）

面包派	1 个
扇贝（带壳）	2 个
欧洲萝卜（防风草的根）	30 克
西班牙腊肠	1 根
土当归（去皮切碎）	50 克
红葱头碎	3 克
橄榄油	适量
盐、胡椒、无盐黄油	各适量
奶油	30 克
白葡萄酒	10 克
西芹（切碎）	少量
白酒酱汁（参照 266 页）	适量
果蔬沙拉	适量

1 将面包派切成贝壳的形状，放进烤箱。

2 欧洲萝卜去皮，切成适中大小，下锅煮至柔软，捞出控干水分。另起锅开火，放西班牙腊肠，用平铲翻炒去除水分。加入盐、奶油、黄油后搅拌。

3 扇贝去壳，取出瑶柱和卵巢（雄性的话取出精巢），然后瑶柱切成三等份。

4 煎锅里倒入橄榄油，放入土当归翻炒。然后放进切好的瑶柱、贝肉、红葱头和卵巢，加入少量白葡萄酒、西芹和胡椒。

5 稍微加热白酒酱汁，加入盐调味。

6 取出烤箱内的面包派，从中间切开。下面一半放上步骤 2 的食材，然后再放步骤 4 的食材，最后倒些白酒酱汁，上面盖上另一半面包派。周围摆放一些果蔬沙拉。

翡翠玉扇贝

有藤椒油的独特风味。

用菠菜点缀的翡翠绿色，晶莹美丽。

在我国，翡翠自古就代表高贵与长寿，有很多以翡翠命名的菜品。

熬黄芽白菜贝花

注意煮瑶柱时火候不要过大。

表面剞十字花刀，不仅美观，而且容易入味和加热。

葱油碳烤扇贝

来自越南的扇贝体型小巧，烹饪时大多火候稍大。
这是贝料理餐厅中经典菜式。
可选择多种贝类制作。

龙井汤扇贝面

龙井是中国代表性绿茶。
扇贝的甘甜搭配茶叶的清香。

翡翠玉扇贝

材料（2 人份）

扇贝瑶柱		3 个
淀粉		适量
油		适量
长葱（切碎）		1 大匙
* 混合调味料	盐	1.5 克
	酒	10 克
	酒酿	10 克
	藤椒油 *	3 克
	米醋	5 克
	水淀粉	5 克
	鸡精	10 毫升
	翡翠玉（参照下文）	40 克

* 全部混合在一起。

* 藤椒油：用低温菜籽油慢慢熬煮鲜藤椒后产生的油，常用于川菜。

1 将扇贝瑶柱横向对半切开，裹上淀粉。

2 然后放入 160℃的油锅内过一下。

3 另起锅放入切好的长葱、瑶柱和混合调味料，开大火翻炒。

4 盛盘，另取一些菠菜放上。

翡翠玉

材料

菠菜		100 克
A	盐	10 克
	海藻糖	45 克

B	蛋清	1 个
	玉米粉	25 克
	水	25 毫升
油		适量

1 切除菠菜根。

2 煮开 1.5 升的水后放入材料 A，再放切好的菠菜焯水。焯好后放入冰水，然后控干水分。

3 将菠菜和材料 B 一起放进搅拌机，搅拌成糊状。

4 然后一点点放入 120℃热油中，用炒菜勺子快速翻炒，全都变成细长块状后捞出。

5 放进开水中煮一下，控干水分，换一锅开水再煮一次去油，最后控干水分。

熬黄芽白菜贝花

材料（2 人份）

扇贝瑶柱		2 个
晒干的瑶柱（在水中浸泡一整晚，蒸 1 小时后晒干）		10 克
黄芽白菜心		150 克
A	鸡精	600 毫升
	白汤（我国的白色浓汤）	200 毫升
	长葱（切成 1 厘米长的段）	少量
	生姜（切成 1 厘米见方的块）	少量
食用油		适量
盐、水淀粉		各少许
红辣椒碎		少量

1 黄芽白菜心切成适中大小后，入低温油过一下。沥干油后放进开水中去油。

2 锅内放入材料 A 和黄芽白菜心，盖上锅盖，调至中火煮 7~8 分钟。

3 放入干瑶柱，加少量盐调味。

4 扇贝瑶柱单面剞十字花刀后入锅。开火加热到五分熟后，捞出扇贝瑶柱。

5 锅里放入少量水淀粉勾芡，然后盛盘。放上步骤 4 的瑶柱，撒上红辣椒碎。

葱油碳烤扇贝

材料（4 人份）

扇贝（带壳）		4 个左右
色拉油		1 大匙
葱油	葱（切碎）	3 大匙
	色拉油	3 大匙
	盐	1 小撮
黑胡椒		适量
炸洋葱		适量
花生米（切开的）		适量

1 将扇贝的壳肉分离。

2 制作葱油。在耐热的容器中放入葱和盐，倒入加热后的色拉油搅拌。

3 在煎锅里倒入色拉油，放进扇贝肉炒。

4 炒熟后装进壳内盛盘，上面浇上葱油，放入适量黑胡椒、炸洋葱和花生米。

龙井汤扇贝面

材料（1 人份）

扇贝瑶柱面	扇贝瑶柱	150 克
	水	50 毫升
	蛋清	20 克
	淀粉	15 克
	盐	5 克
龙井茶汤	龙井茶叶	1 克
	清汤	200 毫升
盐		少量

1 将扇贝瑶柱面的所有材料都放进搅拌机，搅拌成肉糜。

2 制作成面条。

3 锅内水烧开后，入锅煮 1 分钟左右捞出。

4 制作龙井茶汤。清汤煮开后放入茶叶，煮 3 分钟左右后捞除茶叶。

5 将扇贝面 60 克、龙井茶汤一起放入小锅内稍微加热，加少量盐后盛盘。

蛋心扇贝球

外形是球状，又圆又白，像煮鸡蛋一样。切开后里面是用鹌鹑蛋制作的煮蛋，是一道有趣的料理。下面铺的是口感筋道的瑶柱。

橄榄葱油绯扇贝

绯扇贝是外形小巧但香味浓郁的贝。
有嚼劲的贝裙边也是美味的点缀。

绯扇贝泡饭

裹上面粉炸至金黄，外表让人
垂涎，味道也十分鲜香。

蛋心扇贝球

材料（1人份）

扇贝瑶柱肉糜	扇贝瑶柱	130 克
	无糖炼乳	10 克
	蛋清	15 克
	盐	1 克
	酒	10 克
	淀粉	10 克
鹌鹑蛋	适量（和扇贝球的数量一样）	
脆皮瑶柱（参照下文）		适量
葱芽		适量

1 扇贝瑶柱肉糜材料全部放进搅拌机中搅拌。

2 制作煮鹌鹑蛋。将常温下的鹌鹑蛋放进68℃的水中煮8分钟，然后放进冰水，去壳。

3 制作瑶柱球。在保鲜膜上放30克瑶柱肉糜，中间放一个煮鹌鹑蛋（图1），然后包裹起来，用皮筋包裹固定住（图2~图4），放进85℃的热水中煮2分钟（图5、图6）。

4 将瑶柱球从保鲜膜中取出，撒上脆皮瑶柱后盛盘，上面点缀一些葱芽。

脆皮瑶柱

将烘干的100克瑶柱放入水中搁置一晚。用手将瑶柱轻轻挤压出多余水分。放入200℃的热油中炸3秒钟取出，然后滤掉油。

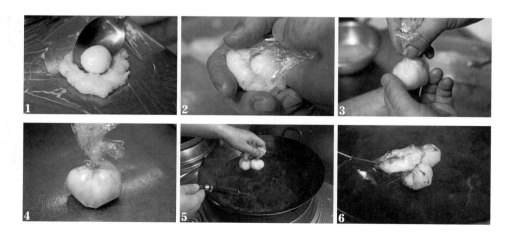

橄榄葱油绯扇贝

材料（4 人份）

绯扇贝		4 个
橄榄葱油汁	香川县橄榄菜 *	2 大匙
	长葱（切碎）	2 大匙
	葱油	2 小匙
	盐	少量
	米醋	少量
红辣椒		4 个

* 香川县橄榄菜：是日本香川县的橄榄种植者们腌制
　的有淡淡咸味的酱菜。比意大利的橄榄口感更细
　腻，更清爽。

1　打开绯扇贝外壳，取出瑶柱、裙边（去除
　　内脏和性腺）。用盐水清洗后沥干水分。
　　瑶柱纵向对半切开，裙边切成 1 厘米长
　　的段。
2　制作橄榄葱油汁。在大碗里放入切碎的橄
　　榄和长葱，加入 180℃的 2 小匙葱油调香，
　　放入盐和米醋搅拌。
3　水煮开，切好的瑶柱稍微煮一下，控干水
　　分，然后和裙边一起盛入绯扇贝壳中。
4　在瑶柱上淋上步骤 2 的酱汁，点缀上红
　　辣椒。

绯扇贝泡饭

材料（4 人份）

绯扇贝	4 个
干瑶柱（提前用水浸泡一晚）	2 个
米饭	60 克
鸡精	200 毫升
黄油	少量
盐	少量
面粉	适量
山药（碾碎）	15 克
香菜	适量
甜酱油	适量
大豆油（或色拉油）	适量

1　打开绯扇贝，取出瑶柱、裙边、性腺和内
　　脏。用盐水洗净后沥干水分。
2　锅中放入鸡精和米饭、裙边和黄油，小火
　　煮 5 分钟左右，加入少量盐和山药勾芡。
3　干瑶柱用手轻轻滤干水分后在 200℃的油
　　锅里过一下，让它变得酥脆。
4　将步骤 1 的瑶柱、性腺和内脏上撒少量盐
　　后裹上面粉，用大豆油煎一下。
5　将步骤 2 的食材放入绯扇贝壳上，上面再
　　盛上步骤 4 的瑶柱、性腺和内脏。浇上适
　　量甜酱油，撒些脆皮的干瑶柱和香菜。

带子

昆布带子烤茄子

裹着昆布的料理搭配煎酒，是日本传统的饮食，
适合肉质细腻的贝类食材。

带子炸年糕

柔软的带子肉外面裹一层酥脆的外衣，
感受口感的变化带来的别致美味。

带子味噌酱菜

用味噌腌制过的贝肉，
流失适当水分后增加几分黏糯的口感。
容易烧焦，所以要注意火候。

酒酿菊花双鲜

利用酒酿突显带子的甜味与鲜味。

昆布带子烤茄子

材料（4 人份）

带子瑶柱	2 个
茄子	4 根
昆布	适量
黄瓜	1/2 根
芥末（碾碎）	少量
花穗紫苏	适量
煎酒（参照下文）	适量
酒	少量

1 带子瑶柱清理干净，对半切开。

2 明火烧烤茄子，挤干水分，去皮。

3 用表面沾上酒的昆布包裹好瑶柱和茄子后搁置半天。

4 然后切成适中大小后盛盘，放上黄瓜、芥末、花穗紫苏，再搭配上煎酒。

煎酒

┌ 水	200 毫升
│ 酒	400 毫升
A 梅干（有 10% 的盐分）	5 粒
│ 粗盐	1 小匙
└ 昆布汤	10 克
淡口酱油	2 大匙
鲣鱼干	10 克

材料 A 放入锅里开火，沸腾后调至小火煮 10 分钟。加入淡口酱油和鲣鱼干，再次煮沸，冷却后滤掉渣滓。

带子炸年糕

材料（2 人份）

带子（瑶柱）	2 个
柿种（日本一种煎饼米果）	200 克
蛋清	适量
低筋面粉	适量
扁豆	8 根
盐	少量
青柠	1 个
油	适量

1 带子瑶柱清理干净，切成一口大小。

2 去除扁豆蒂，对半切开。

3 用搅拌机打碎柿种。

4 将瑶柱依次裹上低筋面粉、蛋清、柿种碎末，然后放进 170℃热油锅中稍微炸一下，捞出，炸一下扁豆。

5 盛盘，撒盐，放上切好的青柠。

带子味噌酱菜

材料（2人份）

带子	2 个
芥末酱	适量
烤海苔	适量
酒	适量

调料

味噌	100 克
酒	40 毫升
糖	40 克

1 带子剥壳，分离出瑶柱和裙边后清理干净，将瑶柱对半切开。

2 然后与调料混合，腌制一整晚（裙边用纱布包裹好）。

3 用手将烤海苔撕碎，加入酒。

4 将步骤 2 的调料冲洗掉后，控干水分，放在铁丝网上用明火烤一下，然后切成一口大小。

5 盛盘，放上步骤 3 的食材和芥末酱。

酒酿菊花双鲜

材料（2人份）

带子	2 个
墨鱼	1/2 只
食用菊花（黄、紫）	适量

调料（全部混合匀）

盐	1.5 克
酒酿	25 克
酒	10 克
鸡精	12 克
水淀粉	5 克
葱油	1 大匙
长葱（切碎）	1 大匙

1 带子剥壳，去掉裙边和内脏，取出瑶柱，然后剥离黏膜，横向对半切开并在表面剞十字花刀，再切成一口大小。

2 墨鱼清理干净，剞十字花刀，再切成一口大小。

3 瑶柱入沸水锅焯水，加入墨鱼一起略煮，捞出后控干水分。

4 炒锅里倒入葱油和长葱，放入瑶柱和墨鱼，加入调料，开大火翻炒。盛盘，撒些菊花点缀。

带子口口脆菜

翻炒蔬菜和贝肉时注意火候。
贝肉切开口裹上玉米粉后稍微煎一下，
之后再炒更容易融合调味料的香味。

带子芦笋配蒜酱汁

相比水煮，
慢慢翻炒更能突显芦笋的香味。
白色汤汁就像西班牙冷汤
（西班牙料理中用蒜和杏仁制作的汤汁）。
甘甜的葡萄干很适合搭配带子、扇贝。

带子根菜沙拉

将食材都切成薄片，
品味不同食材独特的味道。
清香四溢的带子适合搭配根菜食用，
松露是点睛之笔，融合所有香味。

带子荞麦粒风味饭

这是中国的 XO 酱，
与意大利料理结合的创新菜品。
比扇贝香味更浓郁的带子，加上鳕鱼，
让这份意大利料理的香味更有层次感。
另外，带子撒上紫菜盐后口感更加出众。

带子口口脆菜

材料（2 人份）

带子	1 个
山蜇菜 *（用水泡发后切成 5 厘米长的段）	30 克
茭白（去皮后切成 1 厘米宽、5 厘米长的条）	30 克
扁豆（切 5 厘米长的条）	30 克
韭黄（切 5 厘米长的段）	15 克
大豆油（或色拉油）、盐、玉米粉	各适量
鸡精	20 克

香酱油
A
- 酱油　　　　　　　　　150 毫升
- 水　　　　　　　　　　500 毫升
- 糖　　　　　　　　　　15 克
- 鲇鱼酱　　　　　　　　3 大匙
B
- 干虾米　　　　　　　　15 克
- 香菜根　　　　　　　　适量

＊ 先把材料 B 放进一个瓶子里，材料 A 入锅开火，沸腾后关火，倒进放材料 B 的瓶子里。搁置一晚，香味变淡后滤掉渣滓。

* 山蜇菜：贡菜。

1 带子剥壳，去掉裙边和内脏，取出瑶柱，剥离黏膜，横向对半切开并在表面剞十字花刀，彻底沥干水分。

2 瑶柱上面稍微撒些盐，包裹一层玉米粉。炒锅中放入少量大豆油，放进瑶柱，调至中火，将瑶柱表面稍稍煎一下。捞出后切成三等份。

3 锅加油烧热，将茭白和扁豆稍微过一下油。

4 锅留底油，放山蜇菜和韭黄翻炒，再将茭白和扁豆回锅炒。

5 倒入 30 克香酱油、20 克鸡精后大火翻炒，再放入瑶柱后继续翻炒。

带子芦笋配蒜酱汁

材料（1 人份）

带子	1 个
白芦笋	1 根
橄榄油、盐	适量
A 杏仁（稍微烤制过）、牛奶、蒜、葡萄干	各适量
帕马森芝士	适量
芹菜（切碎）	少量

1 煎锅倒点橄榄油后开火，放入白芦笋，盖上锅盖后稍微摇晃几下，调至小火，撒盐稍煎捞出。

2 带子清理干净，分离出瑶柱和裙边。裙边放进步骤 1 的煎锅稍微煎一下。瑶柱的两面剞十字花刀，表面裹一层橄榄油，放入煎锅，表面煎至金黄后，放进烤箱烤。

3 另起锅，放入材料 A，开小火加热至温热。杏仁的香味进入牛奶后，关火冷却。彻底冷却后放入手动搅拌机搅拌，然后滤掉渣滓。加入帕马森芝士。

4 将步骤 1、步骤 2 的食材切成适中大小后盛盘，将步骤 3 的食材稍微加热，用搅拌机搅拌至起泡后倒入盘子，最后点缀些芹菜碎。

带子根菜沙拉

材料（2 人份）

带子		2 个
根菜	萝卜（小）	1 根
	芜菁	1 个
	黄甜菜	1/4 个
	红心萝卜	1/6 个
黑松露		4 克
红葱头		1/2 根
白酒醋（莫斯卡托品牌的）		30 毫升
盐		适量
特级初榨橄榄油		适量

1 红葱头切碎，兑入白酒醋。

2 用平板铲剥去带子外壳，剥离瑶柱。瑶柱上多撒些盐，在冰箱冷藏 1 小时左右。

3 根菜都切成 1 毫米厚的片，用各种尺寸的圆形塔圈压出不同大小。放入冰水 20 分钟左右，捞出沥干水分。

4 瑶柱水分控干后，用黄油稍微煎一下侧面。然后横向切成薄片。

5 将瑶柱和根菜放入大碗中，用步骤 1 的食材和特级初榨橄榄油调味。

6 盛盘，最后放上切成薄片的黑松露。

带子荞麦粒风味饭

材料（1 人份）

荞麦粒炒饭	荞麦粒	25 克
	大米	15 克
	鸡汤块	50 克
	蔬菜汤块	30 克
	XO 酱（参照 266 页）	30 克
什锦水果风味蛋黄酱	蛋黄酱	40 克
	什锦水果粉（网店有售）	3 克
	* 两种材料：混合即可。	
带子香松（参照 266 页）		适量
荞麦芽		适量

1 制作荞麦粒炒饭：大米放入水中煮 10 分钟左右，捞出放到笊篱上。

2 起锅放入荞麦粒，干炒至香味溢出。

3 然后加入鸡汤块和蔬菜汤块，放入煮好的大米，烧 12~13 分钟后，加入 XO 酱，吸干水分。

4 然后冷却，放入圆形塔圈压成形。

5 放入不粘煎锅，炒至两面金黄。

6 盘子上挤好什锦水果风味蛋黄酱，将炒饭盛盘。最后点缀带子香松和荞麦芽。

 # 牡蛎

冬阴功风味牡蛎里脊卷

牡蛎适合搭配猪里脊。
酸奶中加入了皮蛋、蒜和泰国鱼子酱的冬阴功风味汤汁，
感受泰式料理的风味。

柠檬酱生牡蛎

炸好的馄饨皮盛上生牡蛎，
入口即可感受到牡蛎肉的鲜美。

泡椒绿蔬牡蛎山药糕

融入牡蛎鲜味的山药糕，
搭配蔬菜清新爽口。

牡蛎配青椒蛋卷
海苔蛋黄酱

融入牡蛎肉和青辣椒风味的蛋卷，
鲜辣的风味也适合当下酒菜。

冬阴功风味牡蛎里脊卷

材料（1~2 人份）

牡蛎（牡蛎肉）	3 个
猪里脊（切片）	3 片
盐、胡椒	各适量

	酸奶（原味）	3 大匙
	皮蛋（切 5 毫米见方的丁）	1 个
酱汁	蒜碎	少量
	盐	少量
	泰国鱼子酱	少量

苹果	适量
柠檬（切成容易挤汁的大小）	适量
香菜	适量

1 牡蛎上撒盐，用里脊肉卷起来。撒上盐和胡椒，放入煎锅煎熟。

2 制作酱汁：酸奶里加入皮蛋、蒜、盐、泰国鱼子酱后混合。

3 将步骤 1 的食材对半切开，和酱汁一起盛盘，摆上柠檬。苹果切成碎块摆盘，最后撒上香菜。

柠檬酱生牡蛎

材料（1 个）

牡蛎（牡蛎肉）	1 个
馄饨皮	2 张
盐	少量
油	适量

	柠檬（日本产）	1 个
	昆布	10 克
柠檬酱	酒	30 毫升
（约15 人份）	糖	10 克
	淡口酱油、盐	各少许

长葱（绿色部分切丝）	少量

1 馄饨皮炸至金黄，撒上盐。

2 制作柠檬酱：柠檬去蒂，切成四等份圆片，入锅，倒水至刚刚没过柠檬，再放进昆布、酒、糖后开火煮沸。柠檬外皮变软后，去籽放进搅拌机打匀，加些淡口酱油和盐调味。

3 牡蛎肉和馄饨皮一起放在牡蛎壳上，上面再加上柠檬酱汁和切好的长葱丝。

泡椒绿蔬牡蛎山药糕

材料（4 人份）

牡蛎（牡蛎肉）	6 个
贝汤（参照 74 页）	适量
淡口酱油	1 小匙
白身鱼肉糜	250 克
蛋清	1 个
洋葱（切碎）	1 个
油	适量

泡椒底料	A	汤汁	420 毫升
		淡口酱油	60 毫升
		醋	240 毫升
		糖	150 克
		盐	1/3 小匙
		鲣鱼干	适量

小番茄	4 个
油菜花	2 根
蚕豆	4 粒

1 制作泡椒底料：材料 A 放入锅内，煮沸腾后放入鲣鱼干。

2 牡蛎肉用贝汤煮一下，用淡口酱油调味。

3 蛋清搅拌至起泡。

4 白身鱼肉糜放进臼中捣一捣，加入蛋清和洋葱。牡蛎肉切成适中大小，和白身鱼肉糜一起入搅拌机打匀。

5 然后揉成方便入口的大小，入油锅炸一下。

6 小番茄、油菜花和蚕豆也炸一下。

7 以上食材趁温热时，放进泡椒底料中。

牡蛎配青椒蛋卷
海苔蛋黄酱

材料（适量）

鸡蛋	3 个
牡蛎（牡蛎肉）	3 个
青椒	1/2 根
贝汤（参照 74 页）	90 毫升
淡口酱油	适量
色拉油	适量

海苔蛋黄酱	蛋黄酱	适量
	生海苔	适量

* 两者混合起来。

1 用刀拍一拍用贝汤煮过的牡蛎肉，青椒切小粒。

2 蛋液搅匀，加入牡蛎肉、青椒粒和淡口酱油，充分搅拌。

3 在煎蛋器中放入色拉油，加热后倒进步骤 2 的食材，然后做成蛋卷模样。

4 将蛋卷切成方便入口的大小，盛盘，最后淋一些海苔蛋黄酱。

茼蒿浇汤牡蛎

味道浓郁的牡蛎搭配清爽可口的蔬菜。

泡椒牡蛎

可以充分品尝到牡蛎肉的鲜味。
搭配着色香味俱全的时蔬。

牡蛎烧饭

牡蛎肉放在炒饭上，让人垂涎欲滴。
牡蛎煮过再入锅蒸一下，变得松软膨胀。

牡蛎天妇罗浇汁

包裹着生海苔的天妇罗，
味道别具一格。

朴叶味噌柿子牡蛎

牡蛎与柿子的搭配并不是简单的叠加，而是口感十分
匹配的两种食材碰到了一起。
有着甜味的朴叶更是浓缩了整道料理的香味。

茼蒿浇汤牡蛎

材料（4 人份）

牡蛎（牡蛎肉）	100 克

A		
	白身鱼肉糜	1 千克
	煮切酒（煮至酒精挥发的酒）	450 毫升
	蛋清	1 个
	盐	少量

淀粉	适量

B		
	洋葱	1/2 个
	茼蒿	1 把
	色拉油	1 大匙
	盐	适量
	汤汁	适量
	淡口酱油	少量
	甜料酒	少量

生姜（切碎）	少量

1 把材料 A 中的白身鱼肉糜放进臼中捣一捣，加入温酒和蛋清搅拌均匀，加少量盐提味。

2 牡蛎肉用水洗净后沥干水分，裹上淀粉。

3 白身鱼肉糜和牡蛎肉混合，揉捏成 25 个丸子，入蒸笼蒸熟。

4 将材料 B 中的洋葱切成薄片，煎锅里倒上色拉油，放入洋葱，加盐，翻炒至柔软。

5 茼蒿用盐水焯过后放进冰水里，然后彻底控干水分。

6 将材料 B 放进搅拌机，榨成汁。

7 将步骤 3 的食材放入碗里，周围倒入步骤 6 榨好的汁，最后山药上点缀生姜末。

泡椒牡蛎

材料（适量）

牡蛎（牡蛎肉）	20 个
长葱	1 根
萝卜	适量
金时胡萝卜（口感绵软甘甜，没有普通胡萝卜的异味）	适量
葱芽	少量
黄柚子皮碎	少量

调料

汤、醋、酱油、甜料酒的比例为 8∶2∶2∶1

1 牡蛎肉用水洗净，入沸水中焯水后放入冰水，沥干水分。

2 长葱斜切成长条，萝卜、金时胡萝卜去皮，切成长条。

3 将上两步的食材放入调料中，浸泡半天。

4 捞出盛盘，上面放上芽葱，撒些黄柚子皮碎。

牡蛎烧饭

材料（适量）

大米 3 合（约 0.54 千克）	
牡蛎（牡蛎肉）	12 个
生姜	20 克
芹菜（切小块）	适量
岩海苔 *	适量

调料

水、酒、浓口酱油、淡口酱油的比例为 10∶1∶0.5∶0.5，昆布汤适量

* 岩海苔：韩式海苔加上岩盐制作而成。

1　大米提前放入水中浸泡，然后用笊篱捞出。

2　牡蛎肉洗净后沥干水分，调料制成 540 毫升的底汤后放入牡蛎肉煮一下，煮好后捞出牡蛎，留下汤汁冷却。

3　生姜去皮切丝，放入水中泡一会儿。

4　沙锅里放入大米，控干水分的生姜丝和步骤 2 的汤汁，开火煮成米饭，然后放入牡蛎肉。

5　最后再撒一些芹菜和岩海苔。

生青海苔，放入水淀粉勾芡。

5　将步骤 3 的牡蛎肉盛盘，淋上步骤 4 的汤汁，上面放上两种葱丝。

朴叶味噌柿子牡蛎

材料（4 人份）

牡蛎（牡蛎肉）		12 个
柿子		1 个
银杏		12 个
灰树花		1 包
酒		少量
朴叶味噌	红味噌	200 克
	酒	150 克
	蛋黄	5 个
	糖	50 克
油		适量
青柠		1/2 个

* 朴叶：朴树叶，加热会产生香气。

1　朴叶味噌材料混合后入锅，开小火慢煮。

2　牡蛎肉用水洗净后控干水分，入锅，加入少量酒后调至小火煎一下。

3　柿子去皮，切成容易入口的大小。

4　银杏去皮去心，灰树花切成适中大小。分别放至 170℃的油锅里炸一下。

5　朴叶裹上适量的步骤 1 食材，并将牡蛎肉、柿子、银杏、灰树花均匀撒上去。然后烤至外壳定型。

6　盛盘，放一些青柠。

牡蛎天妇罗浇汁

材料（4 人份）		调料		
牡蛎（牡蛎肉）	12 个	A	蛋黄	1 个
长葱（葱白）	1/2 根		冷水	150 毫升
芽葱	少量		低筋面粉	80 克
低筋面粉	适量	B	汤汁	400 毫升
生青海苔	30 克		淡口酱油	2 大匙
水淀粉	适量		甜料酒	2 大匙
油	适量		生姜碎	1/2 小匙

1　长葱纵向切成 5 厘米长的细丝，和芽葱一起放入水中浸泡一会儿，沥干水分后混合匀。

2　牡蛎肉用水洗净后控干水分，裹上低筋面粉。

3　调料 A 混合好，放入牡蛎裹一层，放到 170℃的热油中炸 3 分钟左右。

4　另起锅，放入调料 B 后开火，沸腾后加入

盐熏鲑鱼冷制牡蛎配鲑鱼子

在澳大利亚十分受欢迎的前菜。

奶油干酪牡蛎

最近在越南贝料理店中流行起来的菜。
只用奶酪和贝组成的简单料理，
牡蛎可替换成文蛤或扇贝。

熏制浓缩牡蛎与海胆

用盐熏紧紧锁住了牡蛎肉的鲜味，
搭配着酸奶油，平衡口中的各种香味。

冷制海胆鲜奶酪盖牡蛎

新鲜的螃蟹肉会锁住整盘料理的香味。

七番花式烧牡蛎

代替了配菜和酱汁的，
是花式烧牡蛎拼盘。
可以品尝到多种风味的牡蛎，
是很受欢迎的高人气菜品。

盐熏鲑鱼冷制牡蛎配鲑鱼子

材料（1个）

生牡蛎（带壳，最好是应季的牡蛎）	1个
烟熏鲑鱼（切片）	1片
鲑鱼子（盐渍）	1大匙
酸味奶油	1小匙
香草油（参照115页）	1小匙
莳萝草	适量
黑胡椒	适量

牡蛎去壳后处理干净，再摆回壳内，上面放上烟熏鲑鱼和盐渍鲑鱼子，再挤上酸味奶油，淋上香草油，撒上黑胡椒，最后摆上莳萝草。

奶油干酪牡蛎

材料（1盘，约2人份）

牡蛎（带壳）	8个
酒	适量
奶油干酪	120克
莫扎瑞拉奶酪（碎片）	40克
黑胡椒	适量

1 煎锅中放入牡蛎，倒入适量酒后开火，盖上锅盖开始蒸。

2 牡蛎外壳自动打开后关火，去掉上半部分外壳，在牡蛎肉上放一些奶油干酪和莫扎瑞拉奶酪，然后再开火，盖上锅盖。

3 奶油干酪熔化后盛盘，最后撒上黑胡椒。

熏制浓缩牡蛎与海胆

材料（2人份）

蒸好的牡蛎（参照115页）	2个
橄榄油	适量
幼沙糖	少量
酸奶油	1小匙
香草油（参照115页）	1小匙
盐之花（法国的特产海盐，十分昂贵）	适量
黑胡椒	适量
莳萝草	适量
烧烤木屑（樱花木）	

1 炒锅里先铺一层铝箔纸，上面放上烧烤木屑和幼沙糖，开火烧至冒烟。

2 在烟熏用的铁丝网上刷一层橄榄油，上面放上蒸好的牡蛎。

3 放入炒锅里，盖上锅盖开始熏。中间将牡蛎翻个面，共熏制6分钟左右。

4 另起锅，倒入可以没过牡蛎的橄榄油，开火调至80℃左右后关火。放入牡蛎，盖住锅盖冷却至常温。

5 牡蛎肉放回壳中，撒上盐之花和黑胡椒，挤一点酸奶油，最后淋上香草油，再撒上莳萝草。

冷制海胆鲜奶酪盖牡蛎

材料（1个）

生牡蛎（带壳，最好是应季的牡蛎）	1个
生海胆	约2个
莫札瑞拉奶酪（水牛乳制）	约1/3个
香草油*	适量
盐之花	适量
莳萝草	适量

* 香草油：将西芹和龙蒿切碎后混合特级初榨橄榄油制成。

牡蛎去壳后处理干净，再放回壳内，上面放上生海胆和莫札瑞拉奶酪，再撒上盐之花，浇上香草油，最后摆上莳萝草。

七番花式烧牡蛎

烧制方式有着共通之处，先将牡蛎肉剥离，蒸好，再放回壳内。上面淋上酱汁和浇头，在250℃的烤箱中烤13分钟。

* 使用生牡蛎还是蒸好的牡蛎取决于酱汁和浇头。

* 蒸牡蛎：蒸锅加水煮沸，隔水摆好牡蛎肉，加盖蒸5分钟左右，牡蛎表面开始膨胀、肉身紧缩时放入冰水冷却。降温后沥干水分，放进冰箱保存。

A：原创烤牡蛎

将鱼子酱和日本酒按照3：7的比例兑好，浇在生牡蛎上，开火烤，然后摆上柠檬。

B：牡蛎奶酪板烧

在蒸牡蛎（参照上文）上面，摆上切成片的拉克莱特奶酪10克左右，开火烤制，最后撒一些黑胡椒。

C：海胆奶油烤牡蛎

在蒸好的牡蛎（参照上文）上放海胆黄油（参照267页）后开火烤。

D：基尔帕特里克风味烤牡蛎

在蒸好的牡蛎（参照上文）上，放适量切成条状的培根，浇上BBQ酱汁（参照267页）开火烤制。上面可以再撒上少量黑胡椒。

E：牡蛎洛克菲勒

将大蒜和凤尾鱼蒜酱（参照267页）下锅煮好，和切成碎末的菠菜一起放在蒸好的牡蛎（参考上文）上，再放上古老也奶酪（瑞士格鲁耶尔奶酪）后开始烤制。

F：香草面包粉烤牡蛎

在蒸好的牡蛎（参照上文）上，放1小匙无盐黄油和香草面包粉（参照267页）后开火烤。

G：番茄酱汁烤牡蛎

在蒸好的牡蛎（参照上文）上，放上番茄酱汁（参照267页）和切片的哥瑞纳帕达诺奶酪后开始烤制。

简式金黄牡蛎

裹一层面包粉的油炸金黄牡蛎，搭配塔塔酱，
是很受欢迎的人气料理。
牡蛎加热后肉会紧缩，所以要注意火候。

牡蛎奶汁烤菜

牡蛎制作的经典菜品，
依旧保持着传统的味道。

西班牙风味牡蛎

混合了香草油的味道，十分清爽。

牡蛎时蔬意面

应季的时蔬搭配鲜美的牡蛎，
简约又奢侈的一道料理。

简式金黄牡蛎

材料（4 人份）

牡蛎（牡蛎肉）	4 个
高筋面粉	适量
鸡蛋	1 个
特级初榨橄榄油	少量
面包糠（较粗大颗粒）	适量
塔塔酱（参照下文）	适量
柠檬（切成细条状）	1/4 个
油	适量
盐、胡椒	各适量

1 用厨房纸将牡蛎肉水分吸干，蘸取适量盐、胡椒，均匀裹好高筋面粉。

2 将鸡蛋、少量水和特级初榨橄榄油兑在一起后，将牡蛎放进去蘸匀，再裹上面包糠，放进 180℃的热油中炸至金黄。

3 将牡蛎放回牡蛎壳，再淋一些塔塔酱，搭配柠檬条上桌。

塔塔酱

材料

A 蛋黄	2 个
蒜碎	2 瓣
第戎芥末酱（法式芥末酱）	1 大匙
龙蒿（醋渍）汁	适量
盐	7 克
白胡椒	1 克
色拉油	400 毫升
B 煮鸡蛋（切小块）	5 个
红葱头碎	1 个

醋渍龙蒿（只将叶子切碎）	1 大匙
小酸黄瓜（切成 5 毫米的小粒）	少量
西芹（切碎）	少量

1 材料 A 全部放进搅拌机，一边慢慢往里面倒色拉油，一边搅拌，做成蒜蓉蛋黄酱。

2 将蛋黄酱放进大碗里，然后放入材料 B 混合，放进冰箱保存。

* 因为比较容易脱水，所以使用时要调整味道（加入足量的盐、龙蒿醋渍汁等）。

牡蛎奶汁烤菜

材料（2 人份）

蒸好的牡蛎（参照 115 页）	2 个
秘制酱汁（参照下文）	2 大匙
菠菜	少量
培根（切成条状，加热后去掉油脂）	适量
古老也芝士（碎末）	适量

在牡蛎壳中放上蒸好的牡蛎、培根和煮好并切好的菠菜，整体再淋上秘制酱汁。上面放上满满的古老也芝士，放入 250℃的烤箱内烤13 分钟直到外表金黄。

秘制酱汁

材料

无盐黄油	100 克
低筋面粉	100 克
牛奶	1 升
洋葱（切薄片）	1/2 个
月桂叶	1 片

丁香	2 个
盐	8 克
白胡椒	1 克
肉豆蔻（切碎）	少量

1 锅中放入牛奶、洋葱、月桂叶和丁香后开火，快要煮沸之前盖上锅盖并关火，然后静置 20 分钟左右直至香味散去。

2 另起锅，放入黄油，撒上低筋面粉慢慢翻炒。炒至干爽时将步骤 1 的食材用细网筛滤去渣滓，取汁，一点一点倒入。

3 搅拌至细腻柔软时，加入盐、白胡椒和肉豆蔻调味。然后倒入方平盘，坐入冰水中冷却，然后放进食物搅拌机搅拌，放进冰箱保存。

西班牙风味牡蛎

材料（2 人份）

生牡蛎（牡蛎肉，最好是应季的牡蛎）	2 个
橄榄油	100 毫升
蒜碎	3 大匙
番茄（切块）	2 大匙
红辣椒丁	2 根
盐、白胡椒	各适量
香草油 *	1 大匙

* 香草油：将西芹和龙蒿切碎，和特级初榨橄榄油充分搅拌。

1 在炒锅里放入橄榄油、大蒜和红辣椒丁，稍微翻炒至大蒜变黄。

2 在生牡蛎上撒盐、白胡椒、番茄和香草

油，放入步骤 1 的锅里，盖住锅盖，加热至牡蛎肉膨胀起来，盛到一个保温容器中上桌。

牡蛎时蔬意面

材料（1 人份）

生牡蛎（牡蛎肉）	4 个
干意大利面	80 克
橄榄油	2 大匙
蒜碎	1 大匙
培根（切成较粗的条状）	30 克
红辣椒	2 根
┌ 番茄（切块）	2 大匙
A 土豆（红皮土豆最好，烤好后切成大块）	适量
└ 应季蔬菜	适量
白葡萄酒	适量
黑胡椒	少量

1 煎锅中倒入橄榄油，放入蒜、培根和红辣椒后开火，炒至蒜稍微变黄色时，放进牡蛎肉和材料 A 翻炒，然后倒入白葡萄酒，盖住锅盖。

2 等牡蛎肉膨胀起来时取出牡蛎（放在温热的容器中），剩下的汤汁煮至黏稠。

3 将煮好的意面放入汤汁中拌匀，盛盘。上面放上热乎的牡蛎，最后再撒上适量黑胡椒即可。

双牡蛎

牡蛎搭配牡蛎酱，味道别具一格。

岩牡蛎绿蔬配海苔酱汁

海苔搭配洋葱酱，
味道鲜美可口。

牡蛎款冬焖饭

用款冬和牡蛎焖饭时，
会最大限度地提味、提鲜，
突显料理整体口感。

双牡蛎

材料（1人份）

生牡蛎		1个
茄子		1个（适当大小）

花蛤果子冻	花蛤汤汁（参照123页）	200毫升
	片状明胶	1个
	盐、柠檬汁	各少许
	酱油	极少量（调味用）

* 加热花蛤汤汁，取出泡在水中的明胶加入汤汁中，加盐、酱油和柠檬汁调味，放进冰箱冷却。

A	烤牡蛎 *	3个
	蒜蓉酱 *	少量
	花蛤汤汁（参照123页）	少量（为调节浓度）

B	樱桃萝卜（切细条）、阳荷（切细条）、	
	莳萝草、山萝卜、苋菜	各少许

* 烤牡蛎：取出牡蛎肉，撒少量盐，均匀蘸上橄榄油，放到炭火上烤熟。

* 蒜蓉酱：将带皮的蒜均匀裹上橄榄油，放进200℃的烤箱内，烤20分钟后去皮放进搅拌机打匀，最后加盐和橄榄油调味。

1 打开生牡蛎外壳，取出牡蛎肉处理干净，放进冰水浸泡一会儿，控干水分，切成方便入口的大小。

2 将茄子放在铁丝网上用炭火烤熟，然后用保鲜膜包裹住，几分钟后（散去炭火味道）去皮。切成和牡蛎一样大小的块（使用1/2个茄子）。

3 将材料A混合后放入搅拌机打匀。

4 将牡蛎和茄子放进牡蛎壳中，放上花蛤果子冻，浇上步骤3的牡蛎酱汁，最后撒上材料B。

岩牡蛎绿蔬配海苔酱汁

材料（1人份）

岩牡蛎	1个
小秋葵、芥菜、薄皮青椒	各适量
去瓤番茄 *	少量
生海苔	适量
洋葱酱 *	适量
盐、橄榄油、柠檬汁	各适量
花蛤汤汁（参照123页）	适量
红蓼叶（一种野菜，叶子可去腥增香）	少量

* 去瓤番茄：将小番茄用热水烫后去皮，放入盐、胡椒和橄榄油，在80℃的烤箱中慢慢烤至没有水分。

* 洋葱酱：洋葱去皮后整个放入烤箱中，几分钟后取出放进搅拌机打成酱。

1 芥菜用盐揉搓洗净，放进一个有盖子的容器中，加入煮至沸腾的花蛤汤汁后盖住盖子静置一晚，当辣味出来后切成1厘米长的段。小秋葵切除蒂，稍微煮一下。薄皮青椒放在铁丝网上用炭火烤，然后切成适中大小。

2 生海苔和洋葱酱混合后，加入盐、橄榄油和柠檬汁调味。

3 牡蛎开壳后取出牡蛎肉，切成适中大小后盛盘。放入步骤2的酱汁，摆上步骤1的蔬菜和去瓤番茄，最后撒些红蓼叶。

花蛤汤汁

在锅内放入 500 克花蛤、200 克日本酒和 2 升水后开火煮 20 分钟左右，过滤即成。

* 这种汤汁或酱汁可以更换各种汤料，实用性很强。在鱼类汤汁中，因为鱼汤味道很容易消失，所以暂时不使用的部分要马上放进冰箱冷冻。

牡蛎款冬焖饭

材料（2 人份）

大米	210 克
┌ 花蛤汤汁（参照本页）	210 毫升
A 盐、酱油	各少许
└ 生姜（去皮后切成小块）	少量
牡蛎肉（切成小块）	2 个
牡蛎肉（烧烤用）	5 个
款冬（煮好后浸泡在花蛤汤汁）	适量
橄榄油、盐	各适量
嫩芽（蔬菜芽）	适量

* 牡蛎的数量根据其体型大小而定。

1 大米洗净后浸泡一会儿，捞出放入锅中，材料 A、切好的牡蛎也放入锅中，开火，火候与平常炒菜一样即可。

2 在加热米饭的同时，将款冬切成 1 厘米长的段，和橄榄油一起放进煎锅轻轻翻炒。

3 将烧烤用牡蛎肉切成三等份，上面撒些盐，蘸上橄榄油后用扦子穿起来，放在炭火上烤。

4 在步骤 1 的炒饭上放上款冬、烤牡蛎肉，盖上盖子焖一会儿，最后放上嫩芽点缀。

嫩煎牡蛎

煎牡蛎时火可以调大一点。
表面裹上面粉的效果更佳。

意大利式牛蒡牡蛎烩饭

牡蛎的鲜味搭配牛蒡的清香，
时刻能品尝到舌尖上味道的变化，
是一道吃不腻的烩饭。

嫩煎绿缀牡蛎

熏制的生火腿、肥牛肉在嫩煎时更能突显食材本身的香味。
牡蛎也很适合熏制。搭配的酱汁也带有浓香的意大利风味。

牡蛎肉烩饭

让大米充分吸收牡蛎汤汁。
注意火候正好使得牡蛎肉膨胀即可。
香槟酒的酸味正好中和着味道浓郁的牡蛎烩饭。
香槟的泡沫让口感随之变化，口齿留香。

125

嫩煎牡蛎

材料（1人份）

牡蛎（带壳）	3 个
低筋面粉	适量
无盐黄油	15 克
橄榄油	10 克
洋葱奶酪（参照下文）	适量
山药热葡萄酒（参照下文）	适量
番茄（切块），意大利西芹（切大块）	各适量

1 取出牡蛎肉，裹上低筋面粉，抖落掉多余的面粉（适当抖动即可）。
2 煎锅放入黄油和橄榄油，放牡蛎肉烧至变色后翻面，使两面都变成金黄色。
3 山药热葡萄酒和番茄、意大利西芹混合在一起。
4 将牡蛎放回壳中，放入热乎的洋葱奶酪，再将步骤 3 的食材倒在上面即可。

洋葱奶酪

洋葱（切片）	3 个	雪莉酒醋	30 克
无盐黄油	50 克	幼沙糖	50 克
橄榄油	50 克	盐	5 克

将黄油和橄榄油放入锅内加热，放进洋葱，翻炒至变色，加入雪梨酒醋、幼沙糖和盐调味。

山药热葡萄酒

山药（去皮切成条状）	1/2 根
橄榄油	50 克
A ┌ 蒜碎	1 瓣
├ 香菜籽	1 把
└ 月桂叶	1 片
白葡萄酒	50 克
B ┌ 红酒醋	200 克
├ 幼沙糖	30 克
└ 蜂蜜	30 克

锅中放入橄榄油和材料 A 后开火加热，炒出香味后放进山药翻炒。然后倒入白葡萄酒、材料 B，将山药煮熟。最后关火等待冷却（冷却后在冰箱保存）。

意大利式牛蒡牡蛎烩饭

材料（1人份）

大米		无盐黄油 2	15 克
（意大利产卡纳罗利米）		香槟	15 克
	80 克	奶油	15 克
牡蛎（牡蛎肉）	3 个	盐	少量
新牛蒡	20 克	帕马森芝士碎	2 克
红葱头碎	3 克	意大利西芹块	2 克
橄榄油	5 克		
无盐黄油 1	5 克		

* 1 千克卡纳罗利米需要兑入 880 毫升水。

1 新牛蒡削成薄片，泡水中。
2 牡蛎肉切成 4 等份。
3 在煎锅里放入橄榄油和 5 克黄油后加热，将沥干水分的牛蒡入锅中翻炒至变软，放入牡蛎肉轻轻翻炒，再放入红葱头碎。
4 放入香槟和大米翻炒，加 40 毫升水、15 克黄油和 15 克奶油，翻炒搅拌。
5 继续加入盐和帕马森芝士后搅拌，最后加上意大利西芹。

嫩煎绿缀牡蛎

材料（4 人份）

牡蛎（牡蛎肉）	300 克
生火腿（切片）	12 片
橄榄油	适量
A ┌ 菠菜（焯好）	180 克
菠菜汁	85 克
特级初榨橄榄油	65 克
葡萄干（提前浸泡在少量水中）	15 克
松子	30 克
大蒜	15 克
生火腿	15 克
└ 凤尾鱼	12 克
盐、低筋面粉	各适量
菠菜干（参照下文）	适量
去瓤番茄（切小块后浸泡在适量白酒醋中）	1 个

1 将材料 A 放进搅拌机打成糊状后，滤掉渣滓。

2 牡蛎上撒少量盐，裹上低筋面粉，用片状的生火腿肉裹起来，再沾上低筋面粉。

3 煎锅里倒入橄榄油，放入步骤 2 牡蛎肉煎至两面散发出香味。

4 在盘子上铺一层步骤 1 的酱汁，放上牡蛎和菠菜干及去瓤番茄。

菠菜干

菠菜先在热水中焯一下，然后放进冰水，捞出沥干水分后放入烤箱烤至干脆。

牡蛎肉烩饭

材料（2 人份）

牡蛎（牡蛎肉）	4 个
大米（免洗大米）	50 克
蔬菜汤块料	80 毫升
鸡肉汤块料	160 毫升
红葱头碎	少量
小葱（切小段）	3 根
橄榄油、	
白葡萄酒、盐	各适量
香槟泡 ┌ 香槟酒	250 毫升
└ 蛋清冻干粉（干鸡蛋粉，不起泡）	4 克
特级初榨橄榄油、	
黑胡椒	各适量

1 将两种汤块料混合加热。

2 另起锅放入橄榄油和红葱头碎轻轻翻炒，加入大米，炒至大米变得晶莹剔透时调到小火翻炒，加入少量白葡萄酒。

3 汤块料的汤汁倒进锅内，快要没过大米即可，汤汁被吸收完就再加入一些。一边加盐一边翻炒（大概需要 13~14 分钟）。

4 在上一步翻炒的同时，做香槟泡。在香槟里加入蛋清冻干粉，放入搅拌机搅拌至起泡。

5 在步骤 3 的大米快要煮好之前的 5 分钟，放入牡蛎。

6 大米煮好后加入特级初榨橄榄油、小葱，充分搅拌至蓬松膨胀（加橄榄油搅拌使其变得黏稠不油腻）。

7 盛盘，放上香槟泡，撒上黑胡椒。

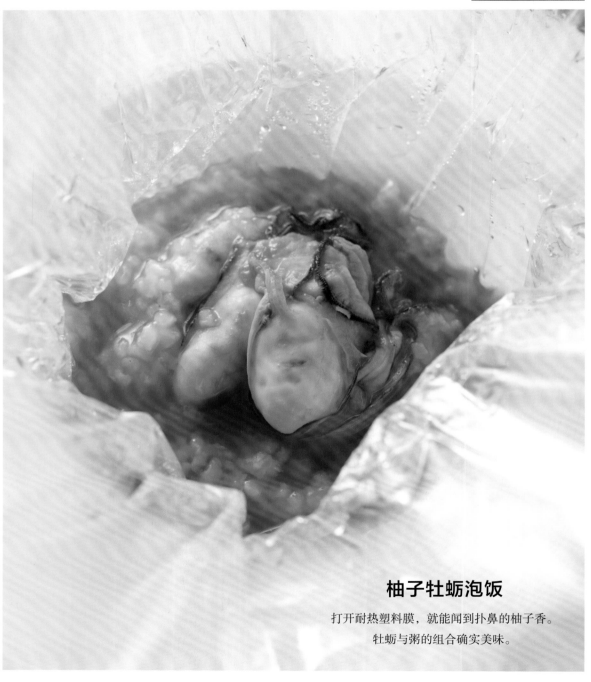

柚子牡蛎泡饭

打开耐热塑料膜，就能闻到扑鼻的柚子香。
牡蛎与粥的组合确实美味。

椒香蚝油牡蛎

四川的干红椒，
搭配李派林嗞汁和蚝油，香辣可口。

牡蛎煨面

牡蛎鲜味充分进入面条。
加上香菇更鲜美。

柚子牡蛎泡饭

材料（1人份）

牡蛎（加热）	3个
粥 *	80克
香酱油（参照102页）	15克
黄柚子皮（切丝）	少量

* 粥：在大米中混合少量油，15分钟后加入大米8倍的水，用小火煮1小时左右。

1 牡蛎肉裹上淀粉，用水洗一下，沥干水分。

2 将耐热塑料膜切成边长30厘米的四方形，盛上粥，放上牡蛎，滴15克香酱油，放柚子皮丝，然后用茶巾包裹住用橡皮筋捆好。

3 在蒸笼中蒸4分钟后上菜。食用前剪断橡皮筋，享受这扑鼻的香味。

椒香蚝油牡蛎

材料（4人份）

牡蛎（加热）		8个
干朝天椒		8个
花椒粒		1小匙
长葱（切成1厘米长的段）		少量
生姜（切成1厘米见方的块）		少量
外衣	鸡蛋	30克
	淀粉	30克
混合调料	三温糖	3克
	酱油	12克
	蚝油	15克
	李派林嗯汁	25克
	酒	10克
	酒酿	15克
	蒜碎	3克
	水淀粉	7克
	鸡精	30毫升
大豆油		少量
色拉油		适量

1 牡蛎肉裹上淀粉，用水洗一下，沥干水分。

2 将外衣食材充分混合，加入牡蛎后放进160℃的油锅中炸，捞出牡蛎。

3 锅留底油，放入少量大豆油，放进干朝天椒轻轻翻炒，再放入花椒粒。

4 加入长葱和生姜，放入牡蛎肉，加入混合调料，调至大火，3秒后充分炒匀即可。

牡蛎煨面

材料（2 人份）

牡蛎（加热）	8 个
面条	80 克
九条葱（斜切成 1 厘米长的段）	25 克
干香菇（泡发后切碎）	10 克
马蹄（切碎）	15 克
A ┌ 鸡精	500 毫升
├ 绍酒	10 克
├ 酱油	20 克
└ 蚝油	20 克
水淀粉	15 克
芝麻油	少量

1 牡蛎肉裹上淀粉，水洗一下后控干水分。

2 牡蛎上再裹一层淀粉，放入沸腾的开水中煮一下。

3 面条入沸水锅用中火煮至八分熟。

4 炒锅里放入材料 A 和香菇、马蹄、九条葱、步骤 3 的面条，开小火煮。

5 煮好后放上牡蛎肉，用水淀粉勾芡，加入少量芝麻油。

6 最后放入沙锅里保持沸腾上菜。

文蛤・圆蛤

文蛤新玉汤

带有洋葱甘甜的白汤，
和文蛤搭配十分合适。

文蛤白菜鱼冻

利用文蛤汤汁做出的鱼冻，
搭配鲜美的文蛤，口齿留香。

文蛤鱼肉雪见锅

有着文蛤风味与口感的鱼丸浸在味道清香的汤汁中，
用芜菁做的雪见锅，入口柔软又美味。

文蛤竹笋锅

集合着春天食材的小锅料理。
汤汁充满文蛤的鲜香。

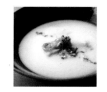

文蛤新玉汤

材料（4 人份）

文蛤	4 个
洋葱	3 个
太白芝麻油	2 大匙
昆布汤	适量
牛奶	适量
盐	少量
葛粉	适量
小香葱（切葱花）	少量
黑胡椒	少量

1　洋葱切薄片入锅，倒入太白芝麻油至刚刚没过洋葱，翻炒。

2　加入适量昆布汤后盖住锅盖，煮至沸腾。

3　放进搅拌机打匀，加入牛奶、盐调味。

4　取出文蛤肉，对半切开，肉质较硬的部分用刀划开口子。

5　文蛤均匀裹上葛粉，放入煮沸的开水中煮一会儿，捞出放入冰水，沥干水分。

6　加热步骤 3 的汤汁，过滤后盛到适合的容器，放入文蛤，上面再放上小香葱，撒上黑胡椒。

文蛤白菜鱼冻

材料（4 人份）

文蛤	8 个
白菜（菜梗切丝，菜叶切大块）	1/8 个
银耳（泡发完成）	少量
┌ 水	1 升
│ 酒	200 毫升
A 淡口酱油	80 毫升
│ 甜料酒	80 毫升
└ 昆布汤	5 克
片状明胶	15 克（加水后泡发）
葱芽（切成 2 厘米长的段）	少量
地肤子（一种中药材）	
黄柚子皮	少量

1　文蛤和材料 A 一起放入锅内，煮沸，捞出文蛤，留下汤汁，文蛤剥开外壳取出肉。

2　在步骤 1 的汤锅中加入白菜和银耳煮一下，放进明胶使其熔化，放文蛤肉煮一下，关火，放进冰箱冷冻凝固。

3　凝固后从冰箱取出，用勺子打松后盛盘，上面放上葱芽和地肤子，撒上切碎的黄柚子皮。

文蛤鱼肉雪见锅

材料（4 人份）

文蛤	6 个
白身鱼肉糜	1 千克
煮切酒（煮至酒精挥发的酒）	450 毫升
蛋清	1 个
盐	少量
淀粉	少量
芜菁	2 个
勾芡汁 *	适量
水淀粉	少量
黄柚子皮	少量

* 勾芡汁：1 升昆布高汤、2 大匙酒、2 小匙淡口酱油、1/2 匙粗盐混合后煮开。

1 白身鱼肉糜放入臼中，加入温酒和蛋清捣匀，加入少量盐调味。

2 文蛤取肉对半切开，较硬的部分用刀划开口子，将日式高汤滤掉渣滓后混入上一步的食材中。

3 白身鱼肉糜和裹上淀粉的文蛤肉混合搅拌后揉捏成 25 个丸子，放入蒸笼后开火蒸熟。

4 芜菁切成小块。

5 锅内倒入勾芡汁煮沸，加入少量水淀粉勾芡，放进芜菁后煮熟。

6 将步骤 3 的食材放入碗中，倒入步骤 5 的汤汁，再放上黄柚子皮点缀。

文蛤竹笋锅

材料（2 人份）

文蛤	6 个
竹笋（焯水）	2 根
山玉簪（一种中药植物）	1/3 包
A ┌ 汤汁	800 毫升
├ 淡口酱油	50 毫升
├ 酒	50 毫升
└ 甜料酒	50 毫升
酒、昆布高汤	各适量
淡口酱油、盐	各少许
嫩芽（蔬菜芽）	适量

1 竹笋切成小块，加材料 A 翻炒一下。山玉簪切成 5 厘米长的段，焯水。

2 另起锅，放入文蛤和适量水、酒和昆布高汤，煮沸后放入淡口酱油和盐调味。

3 在小锅里放入步骤 2 的汤汁和文蛤、竹笋和山玉簪，开火保持温度，最后撒上嫩芽。

时蔬文蛤蘸蒜泥蛋黄酱

色泽艳丽的春季时蔬搭配文蛤，
再用蒜香蛋黄酱调味。

文蛤白芦笋汤

煎白芦笋与白芦笋汤汁
一起搭配文蛤食用。

蛤蜊白芦笋蒸锅

文蛤搭配白芦笋，二者味道和谐，
芦笋吸收了汤汁的清香。
文蛤煮太久会导致肉质变硬，
所以中途需要取出文蛤。

款冬花茎菜丝汤配金黄文蛤

文蛤肉包裹炸至金黄，
美味的汤汁中有着文蛤的香味。
搭配着菜丝汤食用更是别有风味。

时蔬文蛤蘸蒜泥蛋黄酱

材料（1人份）

文蛤	2个
绿芦笋（斜切）、豌豆	各适量
橄榄油、盐	各适量
蒜泥蛋黄酱〔蛋黄、藏红花末、蒜碎、橄榄油	各适量
水、芥末酱、柠檬汁	各少许
辣椒粉	少量

1 文蛤去掉上壳，用铝箔纸包裹好，烤熟。

2 煎锅里倒入橄榄油，放入芦笋和豌豆翻炒，撒盐调味。

3 制作蒜泥蛋黄酱：在大碗里打个蛋黄，放入藏红花末、蒜末、水、芥末酱和柠檬汁，用打蛋器搅拌均匀，加入少量橄榄油搅拌成蛋黄酱。

4 将文蛤盛盘，加上步骤2、步骤3的食材，在盘子边缘撒上辣椒粉。

文蛤白芦笋汤

材料（1人份）

文蛤	2个
白芦笋	2根
日本酒、橄榄油、盐	各适量
罗勒叶	少量
柠檬汁	少量

1 文蛤入锅，倒入日本酒和水至没过文蛤一半，盖上锅盖后开火。文蛤的贝壳打开后，取出文蛤肉。

2 将一根白芦笋去皮，和皮一起放入步骤1中，煮熟后放入搅拌机，兑入少量橄榄油。

3 煎锅里倒进橄榄油，将另一根白芦笋切成适中大小，放入煎熟，加盐调味。

4 将文蛤和煎白芦笋盛盘，倒入步骤2的芦笋汁，加上罗勒叶，最后浇上柠檬汁。

蛤蜊白芦笋蒸锅

材料（1人份）

白芦笋	1 根
日本产文蛤	1 个
百里香	2 枝
鸡汤块	45 毫升
橄榄油、特级初榨橄榄油	各适量

1 白芦笋清洗干净。

2 锅加热后倒入橄榄油，放入白芦笋，开大火炒出香味。

3 再加入日本产文蛤和鸡汤块，盖上锅盖后调至小火。文蛤外壳打开后，先取出文蛤。

4 然后再盖住盖子，彻底炒熟芦笋。

5 锅里水分被吸收后，芦笋也熟透了，放回文蛤，加入百里香，盖住锅盖后焖2分钟左右。

6 盛盘，锅里剩下的汤汁中加入特级初榨橄榄油，使其稍微乳化后成酱汁，浇在盘中。

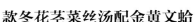

款冬花茎菜丝汤配金黄文蛤

材料（3人份）

文蛤		3 个
橄榄油		30 克
A	培根	20 克
	洋葱	40 克
	胡萝卜	30 克
	西芹	10 克
外衣	啤酒	50 克
	面粉	30 克
	* 二者混合。	
款冬花茎		5 个
盐、低筋面粉、特级初榨橄榄油		各适量
食用油		适量

1 材料 A 全都切成 5 毫米见方的丁。

2 锅里放入橄榄油和文蛤，加入材料 A 炒至蔬菜变软后，加入 200 毫升水，盖住盖子。等文蛤外壳打开后，从锅里取出文蛤。

3 步骤 2 的锅保持开火的状态，里面加入少量盐调味。

4 放入两个切好的款冬花茎。

5 文蛤取肉，裹上面粉和外衣，放入 200℃的油锅里炸一下。剩下三个款冬花茎也裹上面粉和外衣后同样下锅炸一下。捞出，沥干油。

6 在洗净控干的文蛤贝壳上放入文蛤肉和炸款冬花茎，盛盘。步骤 4 的汤菜盛盘，淋特级初榨橄榄油。

文蛤蒸肉

这是一道来自越南北部的料理。
文蛤加上姜味汤汁，口感微辣又清爽。

浓汤山药文蛤

肉质细腻的蛤肉搭配浓厚的汤汁，
裹着山药清香的文蛤和
白汤的组合让人口齿留香。

蒸樱花文蛤

文蛤搭配春季时蔬与樱花的料理，
尽是春的气息。
为突显食材本身的味道，要控制调料的量。

原味文蛤洋葱汤

既有洋葱的甜，又有文蛤的鲜，
是一道味道简单淳朴的汤菜。
用蒸的方式呈现清爽淡雅的格调。

文蛤蒸肉

材料（10 人份）

文蛤	10 个
猪肉末	150 克
干黑木耳	2 克

A
生姜（切碎）	6 克
小葱（葱白切碎）	6 根
文蛤汤汁（步骤 1 的汤汁）	1 大匙加半匙
幼沙糖	1/3 小匙
鱼露	1 小匙
黑胡椒	适量（可适量多加）

香菜（切碎）	适量（根据个人口味）
汤汁（生姜越南鱼露，参照下文）	适量

1 文蛤放入煎锅后倒入酒，盖上锅盖开火。贝壳打开后取出肉。

2 将文蛤肉均匀切分成 4~6 份。干黑木耳用水泡发后撕成小块。

3 猪肉末中加入材料 A 和文蛤、黑木耳，搅拌均匀。

4 文蛤贝壳里放入步骤 3 的肉馅，一个贝壳大概能放 15~20 克，蒸 5~6 分钟。

5 盛盘，根据个人喜好放入香菜，最后浇汤汁（一边食用一边浇汁）。

汤汁（生姜越南鱼露）

B
越南鱼露	1 大匙
柠檬汁	1 大匙
幼沙糖	1 大匙加半匙
开水	3 大匙
蒜碎	1/2 小匙
红辣椒碎	少量

生姜碎	适量

幼沙糖放入开水中，再放入材料 B 中剩下的食材后搅拌。加入生姜碎。

浓汤山药文蛤

材料（2 人份）

文蛤	2 个
山药（切碎）	40 克
鸡蛋	20 克
嫩芽（蔬菜芽）	适量
酒、大豆油（或色拉油）	各少许

A
葱油	1 大匙
长葱（切段），生姜（切块）	各少许

绍酒	2 大匙
猪骨汤	100 毫升
鸡汤	100 毫升
酱油、蚝油	各少许
水淀粉	1 大匙

1 文蛤上淋少量酒，放入蒸笼中加盖蒸 2 分钟。贝壳打开后去掉没肉的壳。留下汤汁。

2 将切碎的山药和鸡蛋混合搅拌（图 1）。

3 在炒锅中放入少量大豆油，加入山药蛋液（图 2），调至中火用炒勺的背面翻炒（图 3），当凝固成一块后取出。

4 在文蛤上放步骤 3 的食材（图 4）。

5 在炒锅里放入材料 A 后调至中火，翻炒至散发出香味。加入绍酒、猪骨汤和鸡汤，还有步骤1的汤汁。盖上锅盖，中火炖煮。

6 放入酱油和蚝油调味，加水淀粉勾芡。

7 将步骤4的文蛤盛盘，浇上步骤6的汤汁，添些嫩芽点缀。

蒸樱花文蛤

材料（2 人份）

文蛤	2 个
荚果蕨（又叫黄瓜香）	2 根
A 儿菜	2 根
竹笋（煮好）	2 切片
鸡清汤	60 毫升
盐渍樱花（去盐）	2 个
水淀粉	1 小匙
葱油	4 滴

1 在小型蒸笼上放入文蛤和材料A，蒸 2~3 分钟。

2 将步骤1的蒸汁倒入小锅里，再倒入鸡清汤和盐渍樱花后开火，加入水淀粉勾芡，兑入葱油。

3 浇在蒸好的文蛤肉上。

原味文蛤洋葱汤

材料（1 人份）

洋葱	1 个
文蛤	1 个
A 鸡清汤	200 毫升
盐	1/3 小匙
花穗紫苏	1 根

1 洋葱剥皮，用刀切成 8 瓣，切到 2/3 深度即可。

2 在口较大的器皿中放入洋葱，然后放入材料A，加盖蒸 1 小时。

3 文蛤上洒少量酒，加盖蒸 2 分钟后取出文蛤肉。

4 在文蛤蒸汁中加入洋葱，再蒸 5 分钟。

5 取出洋葱和汤汁，放上文蛤肉和花穗紫苏。

文蛤粥

用文蛤汤汁煮的粥鲜香清爽。
炸好的洋葱油亮有光泽,
食用时不要忘了搭配黑胡椒。

越南文蛤鸡蛋饼

既是简单的小吃,也是下饭的菜品。
还可以夹在越南三明治中!
包裹着多汁文蛤肉的煎鸡蛋
是经典又好吃的菜式。

硬壳贝的五花弗雷戈拉意粉

硬壳贝适合搭配猪五花肉一起食用。

大火加热后的坚硬贝类和弗雷戈拉意粉一起入口时会有不一样的口感。

这对组合口味可能有些浓重，但有了柠檬和香菜的加持会清爽很多。

文蛤粥

材料（2~3 人份）

文蛤	15 个
酒	100 毫升
大米	100 克
水	900 毫升
生姜碎	1 块
A ⌈盐	1/2 小匙
⎮糖	1/2 小匙
⌊越南鱼露	4 小匙
小葱（切小段）	适量
炸洋葱	适量
黑胡椒	适量
印尼风味烤串（用柠檬香茅味辣椒油调味，参照 158 页酱汁的做法）	根据个人喜好

1 文蛤洗净去沙，提前做好柠檬香茅味辣椒油。

2 大米放进煎锅里先煎一下，调小火。

3 锅里放入文蛤和酒，盖住锅盖。当文蛤贝壳打开后取出，留下蒸汁。将文蛤肉取下。

4 在锅里放大米和步骤 3 的汤汁，加水，开小火煮 30 分钟左右。

5 放入生姜和文蛤，稍微煮一下，用材料 A 调味。

6 盛盘，上面撒上小葱、炸洋葱和黑胡椒，再按照个人喜好加上印尼风味的烤串（食用时再放）。

越南文蛤鸡蛋饼

材料（4 人份）

文蛤	12 个
酒	3 大匙
鸡蛋	4 个
小葱（切小段）	2 根
越南鱼露	2 小匙
糖	1 小匙
黑胡椒	少量
色拉油	2 大匙
泰式调味酱、红辣椒、辣椒油	各适量

1 文蛤洗净去沙。

2 锅里放入文蛤和酒，盖住锅盖。当文蛤贝壳打开后取出，留下蒸好的汤汁。将文蛤肉取下切成 4 等份。

3 在碗里打鸡蛋搅拌，放入小葱、文蛤肉、糖和黑胡椒、越南鱼露。

4 在小煎锅里倒入色拉油烧热，倒入蛋液搅拌成型，翻面。

5 盛盘，按个人喜好在泰式调味酱中放入红辣椒或辣椒油（可边吃边加）。

硬壳贝的五花弗雷戈拉意粉

材料（1 人份）

硬壳贝	300 克
猪五花肉	1 块（60 克）
白葡萄酒	30 克
蒜	1 瓣
去瓤番茄（切条）	5 克
弗雷戈拉意粉	40 克
鸡精	100 克
香菜	2 枝
柠檬（切片）	1/3 个
橄榄油、特级初榨橄榄油、盐	各适量

1 在猪五花肉上撒 1 克盐抹匀，用保鲜膜包裹好，入冰箱腌 3 天，切薄片。

2 水煮开后加入水重量 1.5% 的盐，再放入弗雷戈拉意粉煮 10 分钟。

3 另起锅，倒入橄榄油和切碎的大蒜，慢慢加热。

4 放猪肉片翻炒。再放入洗好的硬壳贝，兑入白葡萄酒。盖上锅盖，等待贝壳打开。

5 再放入鸡精和 200 毫升水、去瓤番茄和弗雷戈拉意粉，调至小火，放入盐调味。

6 盛盘，放上香菜和柠檬，最后浇上特级初榨橄榄油。

 花蛤

花蛤时雨煮

日式的时雨煮就是加入生姜的炖煮料理。
又甜又辣的口味适合搭配米饭。

花蛤可乐饼

有着海老芋、花蛤和蘑菇香味与口感的可乐饼。

花蛤油菜花蒸饭

花蛤搭配油菜花，尽显春意的一份蒸饭。

深川盖饭

贝和葱混合后熬制味噌，
搭配米饭食用，海风味十足。

花蛤时雨煮

材料（适量）

花蛤（带壳）	1 千克
生姜	50 克
A ┌ 酒	200 毫升
├ 水	200 毫升
├ 酱油	2 大匙
└ 糖	3 大匙
B ┌ 酱油	1 大匙
├ 甜料酒	1 大匙
└ 麦芽糖	1 大匙

1 花蛤去沙洗净，取肉。

2 生姜去皮，切丝。

3 材料 A 煮沸后放入花蛤稍微煮一下，捞出沥干水分，留下汤汁。

4 汤汁煮至表面起泡后再将花蛤放回，同时放入材料 B。

5 加入姜丝，煮至汤汁完全吸收。

花蛤可乐饼

材料（2 人份）

海老芋（外形似虾，又叫虾芋，质感细腻柔滑）	
	100 克
灰树花（切碎）	20 克
花蛤（煮过后蛤肉切碎）	10 克
色拉油	适量
盐、胡椒	各适量
面粉、搅匀的蛋液、面包粉	各适量
干墨鱼条（切碎）	少量
食用油	适量
酱汁 ┌ 灰树花	1/2 朵
├ 马斯卡彭奶酪	适量
└ 酱油、甜料酒、糖	各适量

1 海老芋去皮蒸熟，用滤网做成糊状。

2 煎锅里放入灰树花和煮好的花蛤肉、少量盐、胡椒和色拉油，开火煎一下。

3 面包粉和干乌贼条混匀。

4 海老芋和花蛤肉混合后揉捏成适当大小的丸子，依次均匀蘸取面粉、蛋液和步骤 3 的面包粉，然后放入油锅炸一下。

5 制作酱汁：将灰树花切成适中大小后入锅，锅里放入酱油、甜料酒和糖，炒出甜辣味，汤汁吸收完时放入切成丁的马斯卡彭奶酪。

6 在盘子上放一层步骤 5 的酱汁，放上步骤 4 炸好的可乐饼。可用蔬菜点缀（图中使用的是抱子甘蓝）。

花蛤油菜花蒸饭

材料（4人份）

	材料	用量
蒸饭	糯米	3合（约450克）
	酒	240毫升
	粗盐	1小匙加半匙
	花蛤（带壳）	300克
	油菜花	1把
	盐	少量
	乌鱼子	适量
	嫩芽（蔬菜芽）	少量
A	水	500克
	酒	100毫升
	昆布汤	3克
	淡口酱油	2大匙
	甜料酒	1大匙

1 制作蒸饭：将提前泡一整晚的糯米沥干水分，在蒸笼上铺一层白布，放上糯米蒸。然后盛到寿司桶里，加盐加酒后再蒸一次。

2 油菜花用盐水稍微焯一下，沥干水分。

3 花蛤去沙洗净后，和材料A一起入锅，煮至花蛤贝壳打开，捞出花蛤取肉，留下汤汁。

4 在汤汁中放入花蛤肉和油菜花，浸泡1小时左右。

5 在蒸饭里放入花蛤后继续蒸一会儿。盛盘，先放油菜花，再放乌鱼子，最后放些嫩芽点缀。

深川盖饭

材料（4人份）

	材料	用量
	花蛤（带壳）	1千克
	生姜	10克
	长葱	1根
	鸭儿芹	1/3把
	鸡蛋	2个
	米饭	适量
	烤海苔	1片
	花椒粉	少量
	味噌	1大匙
A	高汤	200毫升
	酒	3大匙
	酱油	2大匙
	甜料酒	2大匙

1 花蛤去沙洗净，取蛤肉。

2 生姜切丝，长葱斜切薄片，鸭儿芹切成3厘米长的段。

3 在锅里放入材料A和生姜、长葱煮至沸腾后调小火煮3~4分钟。

4 放入花蛤、味噌和鸭儿芹，倒入蛋液，盖上锅盖。

5 在大碗里放入米饭，上面浇上步骤4的食材，加些海苔，撒上花椒粉。

新英格兰风味花蛤浓汤

源自美国东海岸的花蛤浓汤，
忠实于原汁原味的浓香汤汁。

花蛤番茄饭

意大利料理并不陌生，
但番茄、青紫苏和贝类的搭配比较别致，
是有些日式风格的一道菜品。

花蛤浓汤

这是一道具有日式特点的料理。
有了胡萝卜和青豆等蔬菜的点缀，
颜色更美观。

花蛤青鱼野菜汤

野菜与花蛤收纳一盘，
春意正浓。

新英格兰风味花蛤浓汤

材料（10 人份）

花蛤（带壳）	1 千克
培根（切成 1 厘米见方的丁）	150 克
洋葱（切成 1.5 厘米见方的丁）	1 个
土豆（五月皇后 * 等品种，去皮，切成 1.5 厘米见方的丁）	2 个
低筋面粉	35 克
无盐黄油	50 克
白葡萄酒	250 克
月桂叶	1 片

A
┌ 牛奶	适量
│ 奶油（乳脂肪含量 38%）	适量
│ 古老也芝士（切碎）	适量
│ 贝汤（参照下文）	适量
└ 盐、白胡椒	各适量

* 五月皇后：日本土豆品种，口感黏糯。

1 在锅里放入花蛤和白葡萄酒，盖住锅盖开火，当花蛤贝壳打开后用漏勺捞出，留下汤汁。

2 取出花蛤肉。用厨房纸过滤掉汤汁的渣滓。

3 另起锅，放入黄油，稍微煎一下培根。油脂减少后加入洋葱，调至中火翻炒。

4 锅里再放入土豆，搅拌均匀，调至小火盖住锅盖，焖 5 分钟左右。中途要确定一下土豆的软硬程度，当只有土豆的中心部分还有点硬时，均匀撒上低筋面粉，搅拌均匀。

5 一边加入花蛤汤汁，一边搅拌匀面粉。加入月桂叶，当汤汁表面有光泽且土豆彻底煮熟后关火自然冷却。

6 放入材料 A 调味或调整温度（可加热）。

贝汤

扇贝裙边	1 千克	岩盐	适量
蚬贝	0.5 千克	月桂叶	1 片
水	3 升		

1 用盐揉搓扇贝裙边的污垢，用水洗净。

2 锅里倒入水，放入裙边，开大火略煮后捞出裙边，放入月桂叶，开小火，煮出香味。

3 30 分钟后放入蚬贝，小火煮 30 分钟（火候太大的话味道会变得苦涩）。

4 用漏勺捞出蚬贝，汤汁继续煮，当苦涩味完全消失后，用厨房纸滤掉渣滓，等待自然冷却。

花蛤番茄饭

材料（适量）

大米	2 合（约 300 克）
花蛤（去沙）	10 个
番茄（中玉番茄）	1 个
黑橄榄（可选）	适量

A
┌ 贝汤（参照 74 页）	270 毫升
│ 酒	1 大匙
└ 淡口酱油	1/2 大匙

柠檬（切成小块）、青紫苏叶（切丝）、小番茄（切圆片，可选）	适量

1. 在番茄顶剖上"十"字，将黑橄榄去核后切成圆片。

2. 将泡好的大米沥干水分后放进锅里，加入材料 A、花蛤、番茄、黑橄榄，煮成米饭。

3. 撒上柠檬、青紫苏和小番茄。食用时搅拌均匀，也可以根据个人口味加入黄油或黑胡椒。

花蛤浓汤

材料（4人份）

材料	用量	材料	用量
花蛤（带壳）	500 克	蒜碎	100 克
A水	1 升	洋葱	1/2 个
A酒	200 毫升	青豆（生）	50 克
A昆布汤	5 克	黄油	20 克
B白身鱼肉糜	1 千克	盐、淀粉	各适量
B煮切酒（煮至酒精挥发的酒）	450 毫升	C淡口酱油	2 大匙
		C甜料酒	2 大匙
B蛋清	1 个	水淀粉	少量
B盐	少量	牛奶	300 毫升
土豆	1 个	黑胡椒	少量

1. 花蛤洗净去沙后和材料 A 一起放入锅里开火煮。贝壳打开后捞出沥干，取出蛤肉，留下汤汁。

2. 将材料 B 中的白身鱼肉糜放入臼里，倒入温酒和蛋清搅拌均匀，再加少量盐调味。

3. 白身鱼肉糜和裹上淀粉的文蛤肉混合揉捏成约 25 个丸子。放在蒸笼里开火蒸。

4. 将土豆、洋葱去皮后切成 1 厘米见方的丁。

5. 另起锅，放入黄油烧熔化，放入土豆、洋葱、蒜碎，撒盐，翻炒。加入步骤 1 的汤汁，再加入青豆，煮至蔬菜变软。

6. 用材料 C 调味，加入水淀粉勾芡，倒入牛奶。

7. 将丸子放进碗里，淋上芡汁，最后撒上黑胡椒。

花蛤青鱼野菜汤

材料（1人份）

材料	用量
花蛤（去沙洗净）	100 克
青鱼（处理干净）	70 克
蒜碎	1 瓣
A荚果蕨	3 根
A香椿芽	3 个
A土当归（一种野菜，斜切）	30 克
A油菜花	2 根（30 克）
橄榄油	适量
盐、黑胡椒	各适量

1. 煎锅里倒入适量橄榄油后开火加热，加入青鱼，当开口一侧开始稍稍变色后放入 250℃的烤箱中烤。

2. 另起煎锅，放入适量橄榄油和蒜碎开火，蒜香出来后取出蒜放入花蛤，再放入材料 A 炒入味，撒少量盐。

3. 当青鱼烤至六成熟时放入步骤 2 的煎锅里，倒 80 毫升水，盖住锅盖。当花蛤贝壳打开，肉熟透时加入 30 毫升橄榄油，最后撒上黑胡椒盛盘。

印尼酱汁烧花蛤

越南烤串中调味用的油，
带有柠檬香茅和蒜的香味。
这道菜品就是用这种调料制作出的。
法式面包一边蘸取汤汁一边食用，
才是越南饮食的风格。

蛤仔破布子锅巴

图片中的小粒就是破布子，
是一种中药材。

蛤仔茴香云吞

馅是白身鱼肉糜、花蛤肉及茴香。

在云吞上面还撒有茴香末。

猫耳朵炒蛤仔

猫耳朵是中国陕西的一种面食，

名字源于它的外形。

这道菜有三种颜色，

十分美丽。

印尼酱汁烧花蛤

材料（4 人份）

花蛤（去沙洗净）20 个		黄油	20 克
蒜（切碎）	1 瓣	黑胡椒	适量
色拉油	1 大匙	小葱（切小段）	适量
越南鱼酱	1/2 大匙	法式面包	适量
糖	1/2 小匙		
印尼风味烤串酱汁（柠			
檬香茅味辣椒油，参照			
下文）	1/2 匙		

1 煎锅里放入蒜和色拉油，炒出蒜香后加入花蛤，稍微搅拌一下盖住锅盖。

2 当花蛤贝壳打开后，加入越南鱼酱、糖和印尼风味烤串酱汁，翻炒搅拌一下。再加入黄油，当黄油彻底熔化后关火。

3 盛盘，上面撒黑胡椒和小葱。根据个人喜好放上法式面包（可以一边蘸着汤汁一边食用）。

* 贝料理餐厅在越南十分流行。顾客可以在店里选好想吃的贝，还可选择烤、炖、蒸或炒等烹饪方法和浇头。

印尼风味烤串酱汁

柠檬香茅（切碎）	2 大匙
蒜碎	2 大匙
红辣椒碎	4~6 根
色拉油	60 毫升

1 在小一点的煎锅里倒入色拉油，放入蒜碎和柠檬香茅，炒出香味后加入红辣椒碎，调至中火，翻炒至蒜稍稍变色。

2 然后盛放在耐热容器里，用余热让蒜渐渐变色。

蛤仔破布子锅巴

材料（2 人份）

花蛤	10 个	A	盐	1 小撮
鸡汤	300 毫升		酱油	1 小匙
酒	2 大匙	B	水淀粉	3 大匙
油菜花（切成			醋	1 小匙
4 厘米长的段）	70 克		锅巴	50 克
破布子 *	15 粒		食用油	适量

* 破布子：别名树子，紫草科植物。用盐水浸泡后用酱油等腌渍。

1 锅里倒入鸡汤和酒，放入花蛤，开小火慢慢煮。

2 等花蛤贝壳打开后捞出，在锅里放入油菜花和破布子，加入材料 A 调味。

3 花蛤放入锅里，放入材料 B 后，倒入碗里。

4 将锅巴放进 180℃ 的油锅里炸出香味，也放入碗里。花蛤肉放在上面。

蛤仔茴香云吞

材料（2 人份）

花蛤	6 个
白身鱼肉糜	30 克
鲜茴香（切碎）	适量
干茴香（干燥的鲜茴香叶）	适量
云吞皮	6 个

鸡清汤	200 毫升	酒酿	1 大匙
酒	2 大匙	三色猫耳朵（参照下文）	120 克
盐	少量	小番茄（去皮）	6 个
		金针菜	8 个
		混合胡椒	适量

1 在锅里倒入鸡清汤，放入花蛤后调至小火，等待温度慢慢上升。当花蛤贝壳一打开就捞出，取出贝肉。

2 在云吞皮里放入 5 克的白身鱼肉糜、花蛤肉 1 个、鲜茴香适量，包成云吞（图 1~图 5）。

3 锅里水烧开，将云吞放入锅里煮 2 分钟。

4 在步骤 1 的汤中加入少量盐和云吞，盛盘，撒上干茴香。

1 在炒锅里放入材料 A 后翻炒出香味，材料 B 和花蛤一起放入锅里盖住锅盖。

2 另起锅，水煮开后放入猫耳朵煮 1.5 分钟。

3 当花蛤贝壳打开后捞出，锅里放入酒酿、控干水分的猫耳朵、小番茄、金针菜，调至大火翻炒，最后再放入花蛤。

4 盛盘，撒上混合胡椒。

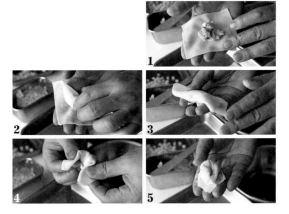

三色猫耳朵

（白色）		低筋面粉	15 克
高筋面粉	50 克	盐	1 克
低筋面粉	25 克	南瓜糊 *	50 克
盐	1 克	（紫色）	
水	36 毫升	高筋面粉	45 克
（黄色）		低筋面粉	15 克
高筋面粉	45 克	盐	1 克
		紫薯糊 *	50 克

* 南瓜糊：将完整的南瓜放入 160℃ 的烤箱里烤 2 小时，然后去皮去子，捣成糊状。

* 紫薯糊：在紫薯外面包裹一层铝箔纸，放在 150℃ 的烤箱里烤 1 小时，然后去皮捣成糊状。

1 将白色、黄色和紫色的食材分别放入不同的碗里揉匀。

2 下剂，摘坯，擀成大约 1 毫米厚、1 厘米宽的片。

3 切成 1 厘米见方的小片，用大拇指一边压一边搓，使其变成猫耳朵的形状。

猫耳朵炒蛤仔

材料（2 人份）

花蛤		12 个
A	葱油	1 大匙
	长葱（切小段）、生姜（切小块）	各少许
B	绍酒	2 大匙
	鸡汤	100 毫升

北极贝

北极贝萝卜拌菜

有着柚子清香的一道简单拌菜。
注意烹饪时火候不要过大。

烟熏北极贝配绿菜

贝类食材适合熏制，
很多贝类都适合。

北极贝米糠酱菜

北极贝用米糠腌制，
口感新鲜别致。

北极贝九条葱面

这是北海道苫小牧市的著名料理。

北极贝萝卜拌菜

材料（4 人份）

北极贝	3 个
萝卜	300 克
香菇	2 个
鸭儿芹	10 根
黄柚子皮	少量
┌ 高汤	800 毫升
A 淡口酱油	50 毫升
└ 甜料酒	50 毫升

1 北极贝取出贝肉后，分离出贝足和裙边，清洗干净后，贝足切成细条，裙边切成适中长度。

2 萝卜切成火柴棒粗细的条，香菇切薄片，鸭儿芹切成 5 厘米长的段。

3 锅里放入材料 A 后开火。沸腾后放入萝卜和香菇，再次煮至沸腾。

4 放入切好的北极贝和鸭儿芹，略煮后关火，等待自然冷却。

5 盛盘，上面撒上切碎的黄柚子皮。

烟熏北极贝配绿菜

材料（2 人份）

北极贝	3 个
油菜花	1 把
盐	少量
┌ 高汤	200 毫升
A 淡口酱油	15 毫升
└ 甜料酒	15 毫升
┌ 糊状芥末	30 克
│ 白味噌	1 小匙
│ 醋	1 小匙
B 糖	1 小匙
└ 浓口酱油	1 小匙

* 以上全部混合。

• 烧烤木屑（樱花木）

1 将材料 A 放入锅里煮沸，关火等待自然冷却。

2 油菜花切掉根部，放进盐水浸泡，然后沥干水分，放入锅里。

3 北极贝取出贝肉，分离贝足和裙边，分别清洗干净后撒一点盐，点燃樱花木屑用炒锅熏制。

4 在盘子上放一层材料 B，将油菜花、北极贝切成适中大小后一起盛盘。

北极贝米糠酱菜

材料

北极贝		适量
米糠底料	米糠	1 千克
	盐水（12% 的盐分）	500 克
	昆布	15 克
	生姜	30 克
	红辣椒	2 根
	蔬菜的边角料（如洋葱外皮）	适量
带叶鸢尾根（中药植物）		适量
柠檬皮（切条）		适量

1　制作米糠底料：在米糠中加入盐水混合，再放入昆布、生姜、红辣椒和蔬菜边角料，腌渍 1~2 个月。

2　将北极贝的贝足在开水中焯一下（在制作寿司的时候为了能明显看出红色通常会多焯一会儿），放入冰水，捞出控干，在米糠底料中腌渍一晚（时间过久味道会变得又咸又辣）。

3　鸢尾根用盐腌渍。

4　将北极贝捞出，用喷火枪稍微烤一下之后盛盘。将鸢尾根纵向对半切开摆好，最后撒上柠檬皮。

北极贝九条葱面

材料（2 人份）

北极贝		3 个
九条葱		1/3 把
挂面		3 把
黄油		20 克
黄柚子皮丝		少量
黑胡椒		少量
A	高汤	800 毫升
	淡口酱油	30 毫升
	酒	30 毫升

1　北极贝从壳中取出，分离出贝足和裙边后清理干净，将贝足切成细条，裙边切成适中长度。

2　九条葱斜切成薄片。

3　锅里放入黄油，放入北极贝、九条葱翻炒，变软后加入材料 A 煮一下。

4　挂面用水煮一下或在水中揉搓清洗一下，控干水分后放入步骤 3 中煮熟。

5　盛到大碗里，上面撒上黄柚子皮和黑胡椒。

长葱北极贝

北极贝生食很不错，
但稍微加热后甜味会增加，味道更好。

柚香油菜花北极贝

贝香和柚子香的组合十分美妙。

北极贝白芦笋沙拉

芦笋吸收着北极贝的汁水，使得料理整体口感协调。
通过在真空袋里加热到 60℃ 的处理方式，
芦笋吃起来更加清脆，与贝肉的柔软相呼应。

长葱北极贝

材料（2人份）

北极贝		1个
盐、橄榄油		各适量
长葱酱汁	长葱（切长段）	3根
	鸡汤	约300毫升
	橄榄油、柠檬汁	各少许
分葱段		2根
花蛤汤汁（参照123页）		适量
长葱（切细条泡水后沥干，在170℃的油锅里炸一下）		适量

1 北极贝取出贝肉，剥离瑶柱和裙边，用盐揉搓掉裙边的黏液，冲洗干净。贝足切开后清洗，撒上盐和橄榄油，穿在扦子上用炭火烤。瑶柱和裙边放铁丝网上，在炭火上稍微烤一下。

2 制作长葱酱汁：在煎锅里倒入橄榄油，慢慢翻炒。长葱变软后倒入鸡汤稍微煮一煮。然后倒入搅拌机搅拌后滤掉渣滓，再加入柠檬汁。

3 分葱焯水，控干水分后浸泡到花蛤汤里。

4 北极贝、分葱、长葱酱汁盛盘，放上炸好的长葱。

柚香油菜花北极贝

材料（2人份）

北极贝	1个
油菜花	3个
盐、橄榄油	各适量
黄柚子皮（切丝）	少量
花蛤汤汁（参考123页）	适量
洋葱酱（参考122页）	适量
柠檬汁、黑七味（7种香料制作的调料）	各少许
西芹酱汁（烤蒜、花生、西芹、橄榄油倒入搅拌机打匀后滤掉渣滓）	适量

1 北极贝取出贝肉，剥离瑶柱和裙边，用盐揉搓掉裙边的黏液，冲洗干净。贝足切开后清洗，撒上盐和橄榄油，穿在扦子上用炭火烤。瑶柱和裙边放在铁丝网上，在炭火上稍微烤一下。

2 油菜花焯水，捞出控干水分，泡入花蛤汤，混入柚子皮、盐、橄榄油搅拌均匀。

3 在洋葱酱里放入少量盐、柠檬汁和黑七味。

4 在盘上盛一层西芹酱汁后，放上北极贝、油菜花、西芹酱汁。

北极贝白芦笋沙拉

材料（2 人份）

北极贝	2 个
白芦笋	4 根
蒲公英（遮光培育品种）	30 克
嫩芽（蔬菜芽）	适量
莳萝草	适量
白酒醋	适量
特级初榨橄榄油	适量
柠檬汁、盐、白胡椒	各适量

1 用平板铲打开北极贝，取出贝肉，留下贝中的汁水。

2 白芦笋去皮，撒上少量盐静置 1 分钟左右。在真空袋里放入贝肉与汁水，再放入芦笋。

3 将真空袋放入 60℃恒温的热水中浸泡 40 分钟。

4 捞出在常温下冷却（为锁住食材的香味）后，放入冰水中冷却。完全冷却后，从袋子中取出芦笋切成 5 等份。

5 将北极贝焯一下，放入冰水。贝足部分横向切成两半，去除肝脏部分。将可食用部分切成适当大小。

6 将北极贝和芦笋盛盘，再加上少量真空袋里的汤水。放入切成 3 厘米长的蒲公英、切碎的嫩芽和莳萝叶，再用白酒醋、特级初榨橄榄油、柠檬汁、盐和胡椒调味，最后盛盘。

拌北极贝干丝

用豆腐干和虫草花等组合而成的一道菜品。
调味就用简单的盐、酱油和葱油即可。

银耳北极贝

美味的食材加入调味料后用大火快速炒熟，
菜品整体呈现清淡的口感，
所以就不使用酱油了。

白海松贝·本海松贝

白海松贝韭黄拌菜

口感清脆的韭黄与柔软的贝肉形成对照，
黑胡椒用于提味，口齿留香。

海蕴海松贝

软糯的海蕴搭配质嫩爽口的白海松贝。

白海松柚腌烧

清香的柚子风味的酱菜经过炭火的烧烤，
脆香可口，是一道绝佳的下酒菜。

拌北极贝干丝

材料（2人份）

北极贝	2个
豆腐干	60克
虫草花	10克
葱芽	适量
⌐ 盐	少量
A 酱油	1/4 小匙
⌐ 葱油	1/2 小匙

1 北极贝取出贝肉，贝足横向切开，去除肝脏后用水清洗干净。

2 用开水焯一下，捞出放进冰水，取出，切成1厘米宽的块。

3 豆腐干切成细丝，虫草花顶部用水泡过后捞出，一起放入开水中焯一下。

4 以上食材控干水分后放入碗里，然后加入材料A搅拌均匀。

5 盛盘，上面放上葱芽。

虫草花

银耳北极贝

材料（2人份）

北极贝	2个
银耳（用水泡发后去除根部）	60克
莴笋薄片	50克
长葱（切成边长1厘米的薄正方片）	少量
生姜（切成边长1厘米的薄正方片）	少量
大豆油（或色拉油）、盐	各少许
⌐ 盐	1克
│ 酒	10克
│ 酒酿	10克
A 米醋	5克
│ 水溶性淀粉	5克
│ 鸡精	10毫升
└	

* 以上食材全部混合。

1 北极贝取出贝肉，贝足横向切开，去除肝脏后用水清洗干净。将边缘部分（有颜色的部分）用刀尖划开几条细纹，然后焯水，捞出放入冰水冷却，纵向对半切开。

2 锅里倒入水，煮至沸腾后加入少量盐和大豆油，再放入银耳和莴笋焯一下，立刻用大漏勺捞出。

3 另起炒锅，倒入少量大豆油、长葱和生姜，炒出香味后放入北极贝、银耳、莴笋和材料A，调至大火翻炒。

白海松贝韭黄拌菜

材料（4人份）

白海松贝（水管）	2个
韭黄	2把
黑胡椒	少量
青柠（切圆片）	1个
A ┌ 高汤	400毫升
├ 淡口酱油	25毫升
└ 甜料酒	25毫升

1 将白海松贝的水管清理干净后切成细条。

2 韭黄切成5厘米长的段。

3 材料A放入锅内开火，沸腾后放入韭黄稍微煮一下，关火，加入白海松贝的水管等待自然冷却。

4 盛盘，撒上黑胡椒，最后摆上青柠。

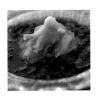

海蕴海松贝

材料（4人份）

白海松贝（水管）	2个
海蕴（一种海藻）	200克
生姜（切碎）	少量
A ┌ 高汤	200毫升
├ 干鸟醋（日本产）	100毫升
├ 酱油	2大匙
└ 糖	1大匙

1 将白海松贝的水管清理干净后切成方便入口的薄片。

2 海蕴洗净后切成适中大小，在开水中焯一下，捞出控干水分后，浸泡在材料A中。

3 以上食材盛盘，撒上生姜。

白海松柚腌烧

材料（4人份）

白海松贝（水管）	2个
柚子	1/2个
七味粉 ┌ 萝卜碎	适量
├ 七味辣椒粉（7种香料制作的调料，加上辣椒粉）	少量
└ *二者混合。	
紫苏叶	2片
A ┌ 酒	50毫升
├ 甜料酒	50毫升
└ 浓口酱油	50毫升

1 清理干净白海松贝水管。

2 材料A中加入挤出的柚子汁和柚子皮，放入水管浸泡30分钟。

3 捞出水管控干水分，用炭烤架烤熟后切成适当大小。

4 在盘子上铺好紫苏叶和圆片的柚子，盛上水管，最后放上七味粉。

豆芽炒海松

有着花椒风味的一道炒菜。

可以下酒也可以下饭。

油炸海松贝

晒干后的白海松贝水管皮代替面包粉裹在外面。

在蛋黄酱中加入煮好的白海松贝肝脏，

味道别具一格。

油炸白海松配塔塔酱

白海松贝的主要食用部分是水管，

但这道菜的主要角色是贝肝。

外面的脆皮和肝的口感对照鲜明，香味浓郁。

白海松奶汁烤菜

用勺子扒开，会看到黏稠的蛋黄与奶油包裹着的白海松贝和菜花。

再加上芝士和松露，味道无可挑剔。

豆芽炒海松

材料（2人份）

白海松贝（水管）	2 个
豆芽	1 包
花椒（水煮）	1 小匙
太白芝麻油	2 大匙
柠檬	1/2 个
┌ 酒	3 大匙
A 酱油	2 大匙
└ 糖	1/2 小匙

1 白海松贝的水管清洗干净后切成适中大小。

2 豆芽切掉根部，然后对半切开。

3 花椒稍微切碎。

4 在煎锅里倒入太白芝麻油后开火，放入前3步的食材后翻炒，然后加材料A调味。

5 盛盘，摆上柠檬。

油炸海松贝

材料（适量）

白海松贝（去除肝后清理干净留下可食用部分）	1 个
晒干的白海松贝皮（参照 62 页，将剥离开的水管皮展开晒干，不调味）	3 个
蒜碎	少量
盐、胡椒	各少许
食用油、蛋液	各适量
肝蛋黄酱 ┌ 白海松贝的肝（煮好）	少量
└ 蛋黄酱	适量

* 肝放入白中捣碎，混合蛋黄酱。

小菜叶、小番茄、柠檬	各适量

1 晒干的白海松贝皮捣碎，和蒜混合。

2 将白海松贝肉切成适中大小，依次裹上盐、胡椒、搅匀的蛋液、步骤1的食材，然后放入热油锅里炸一下。

3 在白海松贝的壳上铺一层小菜叶，盛上炸好的贝肉，和小番茄、柠檬，最后再加上肝蛋黄酱。

油炸白海松配塔塔酱

材料（1人份）

白海松贝	1 个
红葱头	2 克
小酸黄瓜	2 克（1/2 个）
莳萝草	适量
塔塔酱	18 克
低筋面粉	适量
面包粉	适量
鸡蛋	1 个
盐、胡椒	各适量
食用油	适量

1 将白海松贝从壳中取出贝肉清理干净，分离水管和肝。

2 水管剥掉外皮后纵向对半切开，放入真空袋。

3 将真空袋放入 40℃ 恒温的热水中浸泡 40 分钟，然后放进冰水冷却。冷却后取出贝肉，切成 7 毫米见方的块。

4 红葱头切小块，小酸黄瓜切得比红葱头大一点，莳萝草切碎。

5 将步骤 3、步骤 4 的食材混合后加入盐、胡椒调味。

6 贝肉和肝依次裹上盐、低筋面粉、蛋液和面包粉，放入 170℃ 的油中稍微炸至中间熟透即可。

7 盘子上倒一层塔塔酱，然后盛入步骤 5、步骤 6 的食材。

白海松奶汁烤菜

材料（1人份）

白海松贝（水管清理干净后切成薄片）	40 克
白葡萄酒	30 克
菜花（根茎和花分开，在盐水中泡软）	60 克
奶油	50 克
盐	1 小撮
松露油	几滴
水淀粉（玉米粉）	少量
鸡蛋	1 个
碎片芝士	适量
帕玛森芝士（切碎）	适量
黑松露碎	适量

1 将白海松贝和酒放入锅中煮沸后关火，加入菜花、奶油、1 撮盐后再开火。

2 滴入几滴松露油，放入少量水淀粉勾芡。

3 放进蒸锅，打入鸡蛋，放上碎片芝士和帕玛森芝士，放入 250℃ 的烤箱里烤 7 分钟，取出，上面撒黑松露碎。

本海松番茄沙拉

番茄底的西班牙冷汤加上鲜美的贝肉，
炸好的大米让口感更有层次。

赤贝

赤贝芦笋

赤贝很适合搭配辣味醋味噌食用。
蔬菜中有葱的香味，也有芦笋清脆爽口的美味。

赤贝奇异果时蔬沙拉配松露

赤贝和黄瓜的组合十分不错，
这道菜品用奇异果代替了黄瓜。
保持食材原汁原味的同时，
带给你味蕾上的冲击。

赤贝肉末

赤贝生食十分鲜美，
搭配烤海苔十分合适。

本海松番茄沙拉

材料（2 人份）

本海松贝	1 个
┌ 小番茄	6 个
│ 蒜	1/2 瓣
A │ 洋葱	少量
└ 橄榄油、盐、雪莉酒	各少许
玉竹、豌豆、小洋葱	各适量
橄榄油	适量
西芹油（西芹和橄榄油混合放入搅拌机搅拌后滤掉渣滓）	少量
大米	少量
食用油	适量

1 小番茄去蒂，切成适中大小，和材料 A 的其他食材混合放入搅拌机搅拌后滤掉渣滓，制作成西班牙风格的酱汁。

2 将带皮的小洋葱裹一层橄榄油后放入 200℃的烤箱里烤熟，去皮，纵向对半切开；将玉竹和豌豆用炭火烤一下。

3 大米先煮一下，然后放到常温环境等待变干燥后在热油锅炸一下。

4 本海松贝清理干净后切开，煎锅里倒入橄榄油，放入贝肝、裙边和瑶柱后翻炒。水管对半切开后去皮，用炭火稍微烤一下，再切成适中大小。

5 将步骤 4 和步骤 2 的食材都盛盘后，倒入些步骤 1 的酱汁，加上西芹油，最后撒上步骤 3 的大米。

赤贝芦笋

材料（2 人份）

赤贝	2 个
绿芦笋	4 根
盐	少量
红蓼叶（一种野菜，叶子可去腥增香）	少量
┌ 玉味噌 *	50 克
辣味醋味噌 │ 千鸟醋	1 大匙
└ 辣椒粉	1 小匙
└ * 以上调料混合。	

* 玉味噌：将白味噌 200 克、蛋黄 6 个、糖 50 克、酒 120 毫升放入锅里，一边开小火一边搅拌炖煮。

1 赤贝取出贝足，切开后清理干净，切成适中大小，剁上刀纹。

2 绿芦笋去除老茎后用盐水焯一下，用漏勺捞出等待自然冷却，切成方便入口的大小。

3 将贝足用刀拍打变硬后，和芦笋一起盛盘，浇上辣味醋味噌，摆上红蓼叶。

赤贝奇异果时蔬沙拉配松露

材料

赤贝（刺身用的贝足肉）	适量
奇异果	适量
蚕豆（用盐水煮后去皮）	适量
油菜花（用盐水焯，切成适中大小）	适量
酱汁 ┌ 蛋黄	2 个
└ 松露油	30 毫升
松露盐	少量

1 制作酱汁：在碗里打进 2 个蛋黄，搅拌至起泡，滴入几滴松露油后继续搅拌，直到变成蛋黄酱的样子。

2 将赤贝肉剞十字花刀。

3 奇异果去皮，切成适中大小。

4 将赤贝肉放在砧板上用刀敲打几下，使其肉质变硬一点，和奇异果、蚕豆和油菜花一起盛盘，然后盛上步骤 1 的酱汁，撒上松露盐。

赤贝肉末

材料（2 人份）

赤贝	2 个
长葱	1/5 根
生姜	5 克
茗荷	1 个
紫苏叶	2 个
白芝麻	少量
烤海苔（切细条）	少量
青柠	1 个
A ┌ 味噌	1 大匙
│ 甜料酒	1 小匙
└ 太白芝麻油	1/2 小匙

* 以上调料混合。

1 将长葱、生姜和茗荷切碎。

2 赤贝从壳中取出贝肉，分离出贝足和裙边后清理干净，切成适中大小。

3 以上两步的食材和材料 A 混合。

4 在盘子上铺紫苏叶，上面盛步骤 3 的食材，撒上白芝麻，最后加上烤海苔和青柠。

赤贝茼蒿苹果沙拉

生贝肉很适合搭配水果食用，
芥末风味的调味料让整盘沙拉更有味道。

鱼肝赤贝蔬菜蘸芝麻酱

各种香味融合在一起，是一道口感丰富的菜品。

香糟毛蚶

淡淡的酒香衬托贝肉的鲜美。

出彩毛蚶

泡椒和蒜混合的酱汁，
搭配赤贝的鲜美，
让人口齿留香。

赤贝茼蒿苹果沙拉

材料（2 人份）

赤贝	2 个
茼蒿	1/2 把
红心萝卜	50 克
苹果	50 克
黄柚子皮（切丝）	少量
盐	少量

A
- 太白芝麻油　　　　　　　4 大匙
- 芥末粒　　　　　　　　　1 大匙
- 淡口酱油　　　　　　　　1 大匙
- 甜料酒　　　　　　　　　1 大匙
- 醋　　　　　　　　　　　1 大匙

＊ 以上调料混合。

1　赤贝取出贝肉，分离出贝足和裙边，清理干净，在贝肉的一面剞十字花刀，切成适中大小。

2　茼蒿用盐水稍微焯一下，然后放进冰水里，捞出沥干水分后切成方便入口的大小。

3　将红心萝卜和苹果切成细条，放进水里泡一会儿。

4　将以上食材混合盛盘，放上材料 A 调味料，最后撒上黄柚子皮。

鱼肝赤贝蔬菜蘸芝麻酱

材料（1 人份）

赤贝	1 个
豆芽、韭黄、鸭儿芹	各适量
盐、花蛤汤汁（参照 123 页）	各适量
洋葱酱 ＊	适量
分葱酱汁（参照 234 页）	适量
芝麻酱　　白芝麻、蒜蓉酱＊、柠檬汁、盐、花蛤汤汁（参考 123 页）　＊ 以上食材混合。	各适量
鮟鱇鱼肝（参照 183 页）	适量
冷冻蛋黄（参照 183 页）	1 个

＊ 洋葱酱：将洋葱去皮后整个放入烤箱中，几分钟后取出去皮放进搅拌机打成酱。

＊ 蒜蓉酱：将带皮的蒜均匀裹上橄榄油，放进 200℃ 的烤箱内，20 分钟后取出去皮放进搅拌机打匀，加盐和橄榄油调味。

1　赤贝取出贝肉清理干净，切开贝足后切成适中大小，撒上少量盐。

2　将豆芽、韭黄和鸭儿芹用开水焯一下，捞出沥干水分后再泡到花蛤汤里。

3　洋葱酱和分葱酱混合。

4　步骤 1 的赤贝肉混合滤掉水分的步骤 2 食材，然后搭配步骤 3 的酱汁。

5　在盘子上放一层芝麻酱，将鮟鱇鱼肝切成方块，和步骤 4 的食材、冷冻蛋黄一起盛盘。

鮟鱇鱼肝

1 去掉鮟鱇鱼肝的外皮，切成适中大小，在水中浸泡后，放进日本酒和水调配好的混合物中，静置一晚上捞出，沥干水分，再放入水中，一边泡一边去除鱼血，然后和日本酒、水一起放入锅里加热到80℃。

2 将煮好的日本酒、水、甜料酒、酱油、昆布汤和味噌混合后做腌渍汁。

3 将加热后的鱼肝泡入腌渍汁一整晚。

冷冻蛋黄

1 味噌里加入日本酒，撒盐调味做腌渍汁。

2 将鸡蛋带壳完整冰冻后，放入冰箱冷藏室慢慢解冻，然后取出蛋黄放入腌渍汁腌1天。

香糟毛蚶

材料（适量）

赤贝	10 个
香糟（绍酒酒糟）	5 克
水	400 毫升
盐	适量
A ⎰盐	2/3 小匙
⎱三温糖	1 小匙

1 香糟兑入适量水后蒸30分钟，然后倒出静置一晚。

2 滤掉渣滓，加入材料A后做成腌渍汁。

3 赤贝取出贝肉，分离裙边，清洗干净后切成适中大小，贝足横向对半切开，去除肝脏，用淡盐水洗一下，在贝肉一边剞上刀纹。

4 将步骤3的赤贝肉和裙边放入腌渍汁中腌半天。

出彩毛蚶

材料（4人份）

赤贝		4 个
盐		适量
	三温糖	1 小匙
	酱油	1 小匙
	泡椒	1 小匙
	蒜碎	1/4 小匙
酱汁	鸡汤	2 小匙
	香菜根茎（切碎）	1 小匙
	长葱（切碎）	1 小匙
	黑醋	1/2 小匙

1 赤贝取出贝肉，分离裙边，清理干净，切成3~4份。贝足部分横向对半切开，去除肝脏，在贝肉的一面剞上细刀纹，再用盐水洗一下，沥干水分。

2 将酱汁材料混合。

3 步骤1的赤贝放入沸水中焯一下，捞出放入冰水，控干水分。

4 在赤贝的壳里放入贝肉和裙边，最后浇上酱汁。

紫鸟贝

紫鸟贝鸭儿芹配芥末

品味紫鸟贝与鸭儿芹的绝佳搭配。

紫鸟贝花山葵酱福岛

花山葵的辣味搭配紫鸟贝的柔软，
是一道很不错的下酒菜。

紫鸟贝鸡肉

海鲜与家禽的组合。
还有时蔬与蘑菇的爽口。

紫鸟贝竹笋酱汁

竹笋、嫩芽和花椒组合起来，
一盘满是春意的料理。

紫鸟贝番茄

灵活组合海鲜与酸味的搭配，
也是突显贝类鲜美的方法之一。

紫鸟贝鸭儿芹配芥末

材料（4 人份）

紫鸟贝	5 个
鸭儿芹	2 把
芥末（碎末）	适量
盐、酱油	各少量
太白芝麻油（浓口酱油和汤汁等量兑入）	少量
A 高汤	300 毫升
酱油	20 毫升
甜料酒	20 毫升
鲣鱼丝	少量

1　紫鸟贝打开贝壳，分离出贝足和裙边，清理干净后稍微烘干。

2　鸭儿芹用盐水焯一下，捞出放入冰水，然后沥干水分。

3　将材料 A 煮沸后自然冷却，放入鸭儿芹。

4　漏勺捞出鸭儿芹后切 5 厘米长段，混合紫鸟贝、酱油、芥末和太白芝麻油盛盘，上面撒上鲣鱼丝。

紫鸟贝花山葵酱福岛

材料

紫鸟贝	适量
花山葵（花茎与未开花苞）	适量
盐、酱油	各适量

1　紫鸟贝去壳清理干净，将剥离出的贝足放在砧板上用刀拍打变硬。

2　花山葵蘸盐揉洗干净，放入适当的保存容器中，倒入 80℃的热水后用筷子搅拌均匀，然后盖住盖子静置到汤汁出辣味。

3　捞出花山葵切成适中大小，加入少量酱油和盐，和紫鸟贝一起盛盘。

紫鸟贝鸡肉

材料（1 人份）

紫鸟贝	2 个
鸡腿	适量
白菜、竹笋、蘑菇	各适量
鸡汤	适量
花蛤汤汁（参照 123 页）	适量
去瓤番茄	适量
盐、胡椒、橄榄油	各适量
西芹油（西芹和橄榄油混合后放入搅拌机搅拌，滤掉渣滓）、柠檬汁	各少许

1　紫鸟贝去壳清理干净，贝足切开后放在炭火上烤。

2　在煎锅里倒入橄榄油，放入鸡腿，撒上盐、胡椒，炒熟后切成适中大小。

3　白菜放入锅里，加入少量鸡汤后开火，煮至变软。竹笋切除老根后裹上橄榄油放在炭火上烤一下。蘑菇放入烤箱烤一下。

4 锅里倒入鸡汤和花蛤汤，放入清洗干净的紫鸟贝裙边和去瓢番茄。加入步骤 3 的食材后稍稍加热，盛盘。上面再加上贝足和鸡腿，淋上西芹油和少量柠檬汁。

紫鸟贝竹笋酱汁

材料（1 人份）

紫鸟贝	2 个
竹笋	1/2 根
花椒	适量
盐	适量
A ┌ 嫩芽（蔬菜芽）、田舍味噌、煮鸡蛋、 └ 洋葱酱*、盐	各适量

* 洋葱酱：洋葱去皮后整个放入烤箱中，几分钟后取出去皮，放进搅拌机打成酱。

1 竹笋用铝箔纸包裹好，放入 200℃的烤箱中烤熟。

2 然后切成适中大小，撒上盐后用炭火烤一下。

3 紫鸟贝剥开贝壳后清理干净，切成方便入口的大小，在炭火上烤一下。

4 将材料 A 的食材放入搅拌机搅拌。

5 将步骤 4 的酱汁铺在盘子上，加入竹笋、紫鸟贝，最后撒上花椒。

紫鸟贝番茄

材料（4 人份）

紫鸟贝	5 个
小番茄	3 个
紫苏叶	5 个
生姜	15 克
茗荷	2 个
盐	少量
A ┌ 太白芝麻油	4 大匙
│ 淡口酱油	1 大匙
└ 醋	1 大匙

* 以上调料混合。

黑胡椒	少量

1 紫鸟贝剥开外壳，分离出贝足和裙边，清理干净，用盐水焯一下，捞出放入冰水，沥干水分后切成适中大小。

2 小番茄去蒂，切成瓣状；紫苏叶切大块；生姜切碎；茗荷切小块。

3 将以上所有食材与材料 A 混合后盛盘，最后撒上黑胡椒。

大竹蛏

保宁大竹蛏

品尝贝肉的原汁原味。
像大竹蛏一样香味浓郁的贝类，很适合融入川菜中保宁醋的醇香柔和。

蒜蓉蒸大竹蛏

炸好的蒜蓉香味扑鼻。

蚝油大竹蛏

保持贝原本的形状，表面裹上玉米粉后煎熟。
蘸上调味料味道更好，
油煎的香味和蚝油是很不错的组合搭配。

面包糠炸大竹蛏海虾

这道菜是巴西可可风味，为衬托出大竹蛏的浓香，
选择用烤箱来制作。
因为大竹蛏很适合搭配甲壳类海鲜食用，
所以就用樱花虾裹上面包粉放油锅里炸。
用可可调味，口感丰富，层层递进。

保宁大竹蛏

材料（4 人份）

大竹蛏		4 个
泡菜		适量
葱芽		适量
保宁醋酱	清汤	350 毫升
	甜料酒	50 毫升
	淡口酱油	40 毫升
	片状明胶	7 克（用水浸泡后）
	保宁醋（四川黑醋）	30 毫升

1 大竹蛏取出贝肉，去除附着在身上的细长薄膜，在沸水中煮 15 秒，捞出放入冰水。

2 制作保宁醋酱：清汤、甜料酒和淡口酱油煮沸。加入片状明胶，加入冰水使其降温，然后放到合适的容器中冰冻成固体，用勺子捣烂，加入保宁醋搅拌均匀。

3 大竹蛏切成 2 厘米宽的条，再放回贝壳里，加入保宁醋酱，最后撒上泡菜和葱芽。

蒜蓉蒸大竹蛏

材料（3 人份）

大竹蛏		3 个
蒜蓉酱	炸好的蒜 *	3 大匙
	长葱（切碎）	1 大匙
	酱油	5 克
	蚝油	3 克
	芝麻油	5 克
	盐	少量
	粉丝（用水泡过后煮好）	15 克
小葱（切小段）		适量

* 炸好的蒜：将蒜切成碎末，用流水清洗干净后，沥干水分，放入 160℃ 油锅里炸。

1 大竹蛏不打开贝壳，去除壳中间缝隙的薄膜，插入刀尖只将肉对半切开，然后打开贝壳（两边壳上各带有一半贝肉）。

2 将蒜蓉酱的所有材料混合。

3 在大竹蛏上放蒜蓉酱，放进蒸笼上开大火蒸 3 分钟，最后撒上小葱。

蚝油大竹蛏

材料（4 人份）

大竹蛏	4 个
圆齿碎米荠（一种野菜）	适量
玉米粉	2 大匙
大豆油（或色拉油）	少量
A ┌ 酱油	5 克
│ 耗油	6 克
│ 酒酿	5 克
└ 鸡汤	15 毫升

1 大竹蛏取出贝肉，去除附着在肉上的细长薄膜。

2 贝肉裹上玉米粉，锅里倒入少量大豆油后放入贝肉，用中火煎至两面金黄。

3 加入材料 A，调至大火。

4 盛盘，添上圆齿碎米荠。

面包糠炸大竹蛏海虾

材料（1 人份）

大竹蛏	2 个
樱花虾（油炸后）	15 克
干面包粉	25 克
蒜	1 克
可可粉	适量

1 大竹蛏打开贝壳，用流水清洗干净泥沙后控干水分。

2 将樱花虾、面包粉和蒜放入搅拌机，搅拌成细腻的樱花虾面包粉。

3 将大竹蛏裹上樱花虾面包粉，放入 160℃ 的烤箱烤 10 分钟。

4 盛盘，撒上可可粉。

贻贝

柠檬草蒸贻贝

柠檬香茅散发出扑鼻的香味，
贻贝也可以换成文蛤或花蛤。

贻贝肉馅

贻贝保持半熟状态，更容易品尝其鲜美的滋味。

贻贝葡萄柚

葡萄柚让整道料理的味道变得更加清爽。
注意要在倒油的时候加入葡萄柚口感才会更好。

圣米歇尔山风味的贻贝薯条

比利时传统的贻贝薯条料理,
简约又奢华。

柠檬草蒸贻贝

材料（4 人份）

	贻贝	15 个
	柠檬香茅（根茎，斜切）	2 根
	橘叶（小）	10 个
A	生姜（薄片）	6~7 片
	日本酒	1/2 杯
	蒜油 *	1 小匙
	盐	适量
汤汁	黑胡椒	适量
	酸橙	1/4 个
	* 盐与黑胡椒混合后，加入酸橙汁。	

越南鱼露（参照下文）　　　　　　　适量

1　贻贝洗净，去除泥沙。捣碎柠檬香茅根茎部分，散出香味后切成碎末。
2　将材料 A 放入沙锅内煮，盖住锅盖，调至中火。
3　沸腾后开盖，搅拌均匀。
4　贻贝的贝壳打开后关火，盛盘，加入汤汁、越南鱼露（可以一边调味一边食用）。

蒜油

在小煎锅里倒入 4 大匙色拉油和切碎的 4 瓣蒜，开中火炸到蒜变色。盛入耐热容器内，用余温让蒜变成金黄色。

越南鱼露

鱼露	1 大匙
柠檬汁	1 大匙
幼沙糖	1/2 大匙
热水	3 大匙
蒜碎	1/2 小匙
红辣椒碎	少量

将幼沙糖按一定比如兑入开水溶化，加入其他食材，充分搅拌。

贻贝肉馅

材料（1 人份）

贻贝		6 个
蒜末		1 瓣
	油菜花（煮好）	3 根
A	豌豆（煮好）	适量
	番茄	适量
	芜菁	适量
橘子		适量
炸款冬花茎（切成细丝后放入油锅炸好）		适量
橄榄油、盐		各适量

1　锅烧热，放入少量水、蒜末和贻贝后盖住锅盖，颠一下锅使其受热均匀，当贝壳打开，贻贝半熟时捞出，等待汤汁自然冷却。
2　将材料 A 的蔬菜切成 5 厘米见方的块（豌豆除外），橘子肉切成小块。

3 放入步骤 1 冷却的汤汁内，用橄榄油和盐
   调味。

4 将贻贝盛盘，放上步骤 3 的食材，周围摆
   上炸款冬花茎。

圣米歇尔山风味的贻贝薯条

材料（适量）

贻贝（源自法国圣米歇尔山）	200 克
┌ 无盐黄油	25 克
│ 橄榄油	35 克
A 白葡萄酒	50 克
│ 西芹叶（切碎）	3 克
└ 红葱（切圆块）	10 克
炸薯条（土豆去皮切细条后放入	
油锅内炸好）	200 克
蛋黄酱	适量
盐、辣椒粉	各少许

1 贻贝去除足丝，清洗掉泥沙（除掉
   藤壶）。

2 贻贝和材料 A 放入锅里，开大火煮 3~4 分
   钟（注意火候过大会让贝肉变硬，所以要
   控制好时间）。

3 盛盘，放上炸薯条（蘸盐）和蛋黄酱（也
   可加上辣椒粉）。

贻贝葡萄柚

材料（适量）

贻贝	12 个
葡萄柚果肉	6 瓣
西芹（切碎）	25 克
蒜碎、洋葱碎	各 25 克
┌ 香槟酒	100 克
│ 白葡萄酒	100 克
A 蜂蜜	30 克
└ 盐	适量
橄榄油	100 克
刺山柑（又叫水瓜柳）	3 个
鲜茴香叶	少量

1 贻贝去除足丝，洗掉贝壳上的泥沙。

2 在锅里放入少量橄榄油，放入西芹、洋葱
   和蒜开火，差不多快熟的时候放入贻贝和
   材料 A，盖住锅盖。

3 贻贝的贝壳打开后关火，去掉空壳，盛入
   合适的保存容器后放进冰箱。

4 上菜时加入橄榄油，放入葡萄柚果肉、刺
   山柑和鲜茴香叶后盛盘。

法式贝奈特贻贝

柔软的贝肉裹上外衣油炸，口感脆香细腻。

贻贝弗雷戈拉意粉

少量白葡萄酒是衬托贻贝鲜美的关键配料。

咸味只靠贻贝本身的盐分。

这是夏季才有的一道贻贝菜品。

贻贝蓝纹奶酪的奶汁烤菜

贻贝和蓝纹奶酪的组合很美味！

食用时配葡萄酒更佳。

意式什锦贻贝土豆

这是意大利最好吃的贝料理，

吸收贝肉香味的蔬菜比贻贝更有味道。

法式贝奈特贻贝

材料（适量）

材料	用量
贻贝	12 个
白葡萄酒	50 毫升
贝奈特底料 ┌ 啤酒	50 克
└ 面粉	30 克

* 两者混合。

食用油	适量

秘制蛋黄酱 ┌ 蛋黄酱　　　　　　　　适量
├ 一味辣椒末（日本品牌）、
└ 藏红花、辣椒粉　　　各适量

* 以上调味料混合。

樱桃萝卜（将萝卜和叶子分开，
萝卜切薄片）　　　　　　　　适量

1 贻贝去掉足丝，洗净泥沙（去除藤壶）。
2 贻贝放入锅中，加入白葡萄酒，盖住锅盖开火，当贝壳打开后取出肉。
3 将贝肉放入贝奈特底料中沾匀，放入200℃的油锅里炸一下。
4 然后盛到贻贝贝壳中，加上秘制蛋黄酱，撒上樱桃萝卜片和萝卜叶。

贻贝弗雷戈拉意粉

材料（适量）

材料	用量
贻贝	12 个
弗雷戈拉意粉（撒丁岛意面的一种）	30 克
西芹	30 克
蒜碎	1 瓣
西班牙腊肠（斜切）	20 克
番茄（切块）	70 克
橄榄油	30 毫升 +10 毫升
白葡萄酒	30 毫升
意大利西芹（切大段）	3 克

1 贻贝去除足丝，洗净泥沙（去掉藤壶）。弗雷戈拉意粉提前煮好。西芹切碎，焯一下水。
2 锅里放入蒜和30毫升橄榄油，开火，炸出蒜香后放入西班牙腊肠，炒出腊肉油后加入番茄、弗雷戈拉意粉和西芹，最后加入贻贝和白葡萄酒，盖住锅盖。
3 当贻贝贝壳打开后，转圈倒入10毫升橄榄油，加入意大利西芹略炒。

* 夏天的贻贝体型较大，咸味刚刚好。到了冬天，贻贝肉会变小，相应的盐分也会变少。
* 加入花蛤或扇贝来调整咸度也是一种办法。

贻贝蓝纹奶酪的奶汁烤菜

材料（适量）

贻贝	12 个
白葡萄酒	50 克
酱汁 ┌ 无盐黄油	15 克
│ 低筋面粉	15 克
│ 贻贝白葡萄蒸汁（下文步骤 2 操作后剩下的汤汁）	65 克
└ 奶油	30 克
蓝纹奶酪	10 克
碎片芝士	适量
面包粉	适量

1 贻贝去除足丝，洗净泥沙（去除藤壶）。

2 贻贝放入锅中，加入白葡萄酒，盖上锅盖，开火。当贝壳打开后捞出贝，去掉空壳，留下蒸好的汤汁（用于制作酱汁）。

3 制作酱汁：锅里放入黄油和面粉混合后开火，用锅铲搅拌并调到小火。变成糊状时一边加入贻贝白葡萄酒蒸汁和奶油，一边搅拌。

4 在贻贝上浇步骤 3 的酱汁，沾上蓝纹奶酪、碎片芝士，再裹上面包粉，放入 350 ℃的烤箱烤 3~4 分钟，变成金黄色取出。

意式什锦贻贝土豆

材料（4 人份）

贻贝	200 克	蒜	1 瓣
小番茄	200 克	西芹	适量
土豆	200 克	鸡肉汤料块	100 毫升
洋葱	3/4 个	白葡萄酒	少量
大米	150 克	橄榄油	适量
罗马绵羊奶酪	适量		

1 将贻贝表面刷洗干净，去除足丝。

2 锅中倒入橄榄油，放入贻贝和白葡萄酒后盖住锅盖。当贝壳打开后用漏勺捞出。将一半的贝肉取出，用细网筛滤掉渣滓后留下汤汁。

3 土豆去皮，切成厚度为 5 毫米左右的细条；小番茄去蒂，对半切开；洋葱切薄片；蒜和西芹切碎。

4 在一个耐热且有盖子的容器中放入一半的洋葱、西芹和蒜，均匀铺开，上面放上一半的土豆、小番茄，然后再放一层罗马绵羊奶酪，在上面均匀铺无壳的贻贝肉和大米。

5 继续依次放剩下的洋葱、土豆、小番茄、罗马绵羊奶酪，还有无壳的贻贝肉，最上面放西芹和蒜。然后兑入步骤 2 留下的汤汁和鸡肉汤料块。

6 用明火加热，沸腾后盖住锅盖，再放入 180℃的烤箱烤 15 分钟。

7 去掉盖子，放上带壳的贻贝，再放入烤箱烤 10 分钟。

大和蚬·青蛤

茶碗蒸蚬贝味噌汤

汤汁中加入牛奶和味噌提香，
去壳的贝肉也更方便食用。

卤蚬仔

要掌握好火候、以免贝肉过老。

韭菜蘴菜脯蚬仔

使用了咸菜的炒菜，
味道别具一格。

蚬贝汤

浓香的贝汤中的酸味就是本道菜品的特殊之处。
番茄的酸味或莳萝叶的口味都是清爽可口的。

茶碗蒸蚬贝味噌汤

材料（4 人份）

大和蚬	300 克
鸡蛋	2 个
百合	20 克
鸭儿芹	3 棵
A ┌ 水	500 毫升
A │ 酒	100 毫升
A └ 昆布汤	5 克
B ┌ 牛奶	60 毫升
B │ 味噌	1 大匙
B └ 甜料酒	1 大匙
水淀粉	少量
黄柚子皮	少量

1 大和蚬洗净泥沙，刷洗干净贝壳。和材料 A 一起放入锅里开火，当贝壳打开后，捞出大和蚬，取出贝肉，等待汤自然冷却。

2 百合切成适中大小，提前蒸一下。鸭儿芹切成 1 厘米长的段。

3 取 300 毫升步骤 1 的汤汁，加入材料 B 和鸡蛋后搅拌均匀，用筛子滤掉渣滓。

4 在一个合适的容器中放入步骤 2 的食材、贝肉和步骤 3 的蛋液，放入蒸笼里开小火蒸 15 分钟。

5 将步骤 1 剩余的汤汁放入锅里，开火，放入水淀粉勾芡，浇到上一步蒸好的蒸蛋上，最后撒上切碎的黄柚子皮。

卤蚬仔

材料（4 人份）

大和蚬（洗净去沙）	1 千克
蒜（切碎）	10 瓣
红辣椒	3 个
A ┌ 绍酒	200 毫升
A │ 酱油	280 毫升
A │ 糖	30 克
A │ 黑醋	15 毫升
A └ 甘草	10 克

1 锅里放入大和蚬和 1 升水，开小火，等待慢慢升温。

2 当水温升到 55℃时，贝壳稍微打开，从锅里捞出贝壳，留下汤汁。

3 盛出 800 毫升汤汁，放入蒜、红辣椒和材料 A。

4 将大和蚬放入步骤 3 中腌渍，2~3 天后食用（腌渍半天也可以食用）。

韭菜薹菜脯蚬仔

材料（3 人份）

材料	用量
大和蚬（去沙洗净）	200 克
韭菜薹（切成 5 厘米长段）	80 克
菜脯（一种咸菜，切成 1 厘米见方的块）	30 克
盐、大豆油（或色拉油）	各少许
A ┌ 葱油	1 大匙
└ 长葱（切碎）、生姜（切碎）	各少许
B ┌ 绍酒	2 大匙
│ 酒	2 大匙
└ 清汤	4 大匙
C ┌ 蒜碎	1/2 小匙
└ 酱油	2 小匙

1 水烧沸后放入少量盐和大豆油，韭菜薹焯水。

2 锅里放入材料 A，炒出香味。加入材料 B 和大和蚬，盖住锅盖，烧一会儿。

3 当贝壳打开后，放入菜脯、材料 C、韭菜薹，开大火翻炒。

4 食材炒软后，盛盘。

蚬贝汤

材料（适量）

材料	用量
大和蚬（洗净，去除泥沙）	300 克
蒜碎	1 小匙
色拉油	1 大匙
水	600 毫升
A ┌ 糖	1/2 小匙
│ 越南鱼露	2 小匙
└ 盐	1/4 小匙
番茄	1/2 个
莳萝草	1/2 包
黑胡椒	适量

1 番茄去籽，切成 1 厘米见方的块；莳萝草摘下叶子。

2 锅里加入色拉油和蒜碎翻炒一下。

3 炒出蒜香后加入大和蚬，搅拌一下之后加入适量水，水沸后调至小火，当贝壳打开后放入番茄，最后加入材料 A 调味。

4 盛盘，摆上莳萝叶，撒上黑胡椒。

蚬仔水芹烩饭

口味清淡的意大利肉汁烩饭。
使用的米饭是提前煮好的，
所以烹饪时不会花太久的时间。

汤蚬仔米粉

将大和蚬的鲜味最大程度地衬托出来。
米粉吸收着贝肉和韭黄的香味，简单而美味。

清汤青蛤

颜色纯净的汤汁加上鲜美的贝肉，色香味俱全。

青蛤炒面

看似是荞麦面，但其实是炸好的挂面。
吸收了贝肉和蔬菜香味的面条味道更好。

蚬仔水芹烩饭

材料（4 人份）

大和蚬	300 克	A ┌ 水	50 毫升
水芹	1/3 把	├ 酒	100 毫升
长葱	1/3 根	└ 昆布汤	5 克
香菇	2 个	B ┌ 淡口酱油	1 大匙
黄油	20 克	└ 甜料酒	1 大匙
米饭	300 克	黑胡椒	少量
		海苔碎片	少量

1 大和蚬去掉泥沙，刷洗干净贝壳，和材料 A 一起放入锅里，开火煮。贝壳打开后捞出，取出贝肉，留下汤汁。

2 水芹切成小段，长葱和香菇切碎。

3 在煎锅里放入黄油，加入长葱、香菇后开小火翻炒。

4 加入步骤 1 的汤汁和米饭，一边搅拌一边煮。

5 加入贝肉和水芹煮一下，加材料 B 调味。盛盘，撒上黑胡椒，摆上海苔碎片。

汤蚬仔米粉

材料（2 人份）

大和蚬（去沙洗净）	150 克
蚬贝汤（参照下文）	300 克
米粉	50 克
韭黄	35 克
生姜（切丝）	1 克
陈皮（在水中浸泡之后削去背面白色的部分，切丝）	1 克
盐、大豆油（或色拉油）	各少许

1 锅里放入蚬贝汤和大和蚬、生姜、陈皮后开火煮。

2 贝壳打开，散出香味后加少量盐调味。

3 另起锅加水烧沸，放入米粉和少量大豆油，关火放置 7~8 分钟。

4 捞出米粉，盛碗里。

5 在步骤 2 中放入韭黄，然后倒入米粉碗里。

蚬贝汤

1 取 200 克去沙洗净的大和蚬，常温环境中放 3~4 小时，之后冷冻保存（目的是提鲜）。

2 在锅里倒入 500 毫升水和冰冻的大和蚬，开小火，当水沸腾后捞出大和蚬，留下汤汁过滤。

清汤青蛤

材料（1 人份）

青蛤（去沙洗净）	3 个
山玉簪（一种野菜）	适量
清汤	200 毫升
盐	少量

1 青蛤和清汤放入锅里，开小火。

2 当贝壳打开时，放入山玉簪、盐，煮沸。

3 倒入适合的容器。

用于油炸的食用油		适量
A	鸡汤	100 毫升
	酒	1 大匙
B	葱油	1 大匙
	盐	1 小撮
	酱油	1 小匙

1 挂面放入 160 ℃ 的油锅里炸出香味（图 1），控油（图 2），放入沸水中煮 90 秒（图 3），用漏勺捞起（图 4），放入碗里一边冲水一边用手搅拌揉洗，去掉油腻的油分（图 5），然后沥干水分。

2 在锅里放入少量大豆油，放入豆芽和白菜炒出香味（图 6）。放入青蛤和材料 A（图 7），盖住锅盖（锅口如果较大，上面可以倒扣一个碗，图 8），烧一会儿。

3 贝壳打开时打开锅盖，放入挂面（图 9），加入材料 B（图 10），翻炒让面条充分吸收汤汁，最后加韭黄翻炒两下（图 11、图 12），盛盘。

青蛤炒面

材料（2 人份）

青蛤	10 个
挂面	2 把
豆芽（去根）	40 克
白菜（切成 1 厘米宽的片）	40 克
韭黄（切成 5 厘米长的段）	20 克
大豆油（或色拉油）	少量

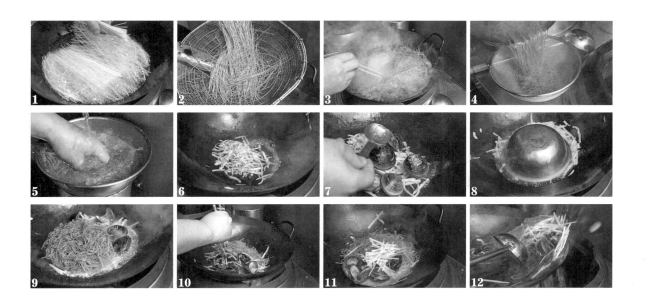

蝾螺

壶烧蝾螺芝麻菜酱

芝麻菜中加入芝麻和大蒜制成的酱汁更加醇香。

焗酿香螺

蝾螺搭配着浓郁的汤汁。

蝾螺竹笋款冬花

集聚着春季的食材。
款冬花味噌的淡淡苦味很适合搭配蝾螺食用。

蝾螺短卷意面

为最大程度活用蝾螺肉，选择了有嚼劲的短卷意面。
稍稍有些泥土香味的蝾螺和糖萝卜最相配。
蝾螺的肝也很适合搭配罗勒叶食用。

壶烧蝾螺芝麻菜酱

材料（1人份）

蝾螺		1 个
	芝麻菜	100 克
	橄榄油	50 克
芝麻菜酱	煎芝麻	25 克
	蒜（切碎）	1 瓣
	浓口酱油、酒	各适量

1 芝麻菜酱中的所有材料混合后放入搅拌机搅拌。

2 蝾螺取出螺肉，分切处理以方便用于壶烧（参照 67 页）。

3 在锅里放入蝾螺和芝麻菜酱搅拌翻炒，炒熟后将螺肉再放入壳里，放到烧烤网上烧到稍微冒泡就可以盛盘了。

焗酿香螺

材料（2人份）

蝾螺			三温糖	1 克
2 个（每个 150 克）			酱油	7 克
洋葱（切碎）	20 克		豆瓣酱	4 克
香菜（切碎）	5 克	酱汁	豆豉酱	10 克
马蹄（切碎）	1 个		生姜	2 克
大豆油（或色拉油）			蒜碎	1 克
	适量		芝麻酱	15 克
			绍酒	5 克

1 水煮沸时放入蝾螺，关火静置 3 分钟，用余温加热。去掉口盖后取出螺，分离肉和肝，肉切成 2~3 份。

2 煎锅里倒入大豆油，放入洋葱翻炒至透明。

3 煎锅中再加入酱汁材料混合，加入香菜和马蹄。

4 将蝾螺肉和肝混合酱汁后再放入壳内，然后放入 250℃的烤箱内烤 7 分钟左右，盛盘。

蝾螺竹笋款冬花

材料（1人份）

蝾螺	1 个
竹笋	适量
冬花味噌（参照 211 页）、肉汁（参照 211 页）	各适量
水芹（焯水后沥干水分，加入少量盐、柠檬汁和橄榄油后混合）	适量
炸款冬花（将款冬花切小块，放入 180℃左右的油锅里炸，然后用厨房纸吸干油）、嫩芽（蔬菜芽）	各适量
橄榄油	适量

1 将带壳的蝾螺放在铁丝网上烤，出现小泡泡时取下，分离肉和肝，切成适中大小。

2 竹笋用铝箔纸包起来放入烤箱烤制，取出去皮，切成适中大小。取煎锅，倒入橄榄油，把竹笋煎一下。

3 将冬花味噌、肉汁，还有蝾螺中的汤汁混合。

4 在步骤 3 中加入竹笋、蝾螺肉和肝。

5 在盘子上铺一层水芹和蝾螺外壳，上面放上步骤 4 的食材，撒上炸款冬花和嫩芽。

冬花味噌：

将款冬花切成小碎块，用水冲一下、控干水分，加入橄榄油翻炒一下。差不多变软后加入味噌、酱油和甜料酒后继续翻炒。

肉汁：

将鸡精、洋葱和蒜混合后放入 200℃的烤箱里烤至变色，然后放入锅里，加入刚刚没过食材的水，煮 6 小时左右。捞出控干水再放入锅里，开火煮到有黏稠度。

蝾螺短卷意面

材料（4 人份）

蝾螺		400 克（约 3 个）
胡萝卜、洋葱、西芹（全部切薄片）		各 50 克
岩盐		适量
短卷意面	00 粉（精度高、研磨细，网店有售）	100 克
	水	45 克
	盐、特级初榨橄榄油	各少许
蝾螺肝青酱	罗勒叶	50 克
	特级初榨橄榄油	75 克
	松子	15 克
	蝾螺肝	3 个
糖萝卜泡（参照下文）		适量

1 蝾螺用水冲一下然后用刷子洗干净。

2 蝾螺、胡萝卜、洋葱、西芹放入深口锅里，稍微煮软之后加入水和岩盐。

3 调至大火加热至沸腾，改小火保持 1 分钟。关火，等待自然冷却。

4 冷却后取出螺肉，分离肉身和肝，将肉切得和短卷意面差不多大小。肝用滤布过滤一次（用于制作肝青酱）。

5 制作短卷意面：在 00 粉中加入 1 撮盐和少量特级初榨橄榄油、水，搅拌揉捏 10 分钟，至表面变得光滑，用保鲜膜包起来。

6 将面团放置常温环境 2 小时，用意面机削成 5 毫米厚的条。

7 然后再切 8 厘米长，用手掌捻搓成型。

8 制作蝾螺肝青酱：水煮开后放入去掉枝茎的罗勒叶焯一下，放入冰水，捞出控干，和其他材料一起放入搅拌机，搅拌成糊状。

9 在开水里放入 1.5% 的盐后煮沸，放入短卷意面（1 人份大约 40 克）煮一下。

10 在碗里放入蝾螺肝青酱（1 人份大约 12 克）。

11 将糖萝卜打出泡（参照下文）。

12 当短卷意面煮得差不多时，放入蝾螺肉，几秒后就捞出，控干水分，放入步骤 10 的碗里。

13 盛盘，上面放上糖萝卜泡。

糖萝卜泡

糖萝卜（甜菜根）	1 个
干鸡蛋粉、盐	各适量

将甜菜根洗净，切成 2 厘米见方的块，放入搅拌机，兑入少量水后搅拌。用细网筛过滤之后放入瓶子等较深的容器中，加入少量干鸡蛋粉。使用时用打蛋器搅拌至起泡，用盐调味。

香螺煎饼

蛛螺的柔软搭配煎饼的薄脆。
也可以用手抓着吃。

西洋菜香螺

肝的苦味正好用甜面酱中和。

鲍鱼·九孔鲍

煮鲍鱼肝酱

用小火慢煮入味，是一道好吃的经典菜品。

鲍鱼矶边炸

煮至柔软的鲍鱼也可以尝试炸着吃。
裹上淀粉下锅炸，
搭配加入生海苔的天妇罗，又脆又香。

香螺煎饼

材料（4人份）

蝶螺	1个
马蹄（切碎）	2个
香菜根茎（切碎）	1小匙
三温糖	1小匙
豆瓣酱	1小匙
A 酱油	1小匙
芝麻油	1/2小匙
春卷皮	2张
大豆油（或色拉油）	适量
蔬菜沙拉（根据个人口味调配）	适量
辛香盐（盐、五香粉、黑胡椒、咖喱粉和花椒粉混合）	少量

1 将蝶螺放入沸水中煮30秒。捞出去除口盖和肝脏。将肉纵向对半切开，再切成薄片。

2 在碗里放入切好的螺肉、马蹄和香菜根茎后加入材料A。

3 在一张春卷皮上放步骤2的食材，抻薄面皮（图1），在边缘部分抹上面粉水（另备，图2）。用另一张春卷皮覆盖在上面（图3），粘牢。在两面用叉子插出孔方便空气流通（图4），成煎饼生坯。

4 在炒锅中倒入大豆油，放入煎饼生坯，开小火煎至两面变脆（图5~图7）。

5 然后切成6等份，盛盘，摆上蔬菜沙拉，撒上辛香盐。

西洋菜香螺

材料（10 人份）

小蝾螺	10 个（约 500 克）
西洋菜（切 2~3 厘米宽）	1 把
甜面酱、酱油	各少许
大豆油（或色拉油）	适量

1. 在沸水里加入小蝾螺后关火，用余温加热，静置 5 分钟左右。捞出蝾螺，去除口盖，取出螺肉。

2. 分离出肝，滤掉水分。

3. 在煎锅里倒入大豆油后放入肝、甜面酱和酱油翻炒，制作肝酱。

4. 蝾螺肉在褶皱处划开几道口子，放入西洋菜和肝酱后，再盛回壳中。

煮鲍鱼肝酱

材料（4 人份）

鲍鱼	2 个	青柠	1 个
酒、昆布汤	各适量	A ⎡蛋黄	1 个
酱油、糖	各少许	⎢酱油	适量
芥末（粉末状）	少量	⎢甜料酒	适量
		⎣白兰地	少许

1. 鲍鱼去壳清理干净（分离出肝脏），放入锅中，加入适量水、酒和昆布汤后开火。沸腾后调小火煮 2 小时左右，煮至柔软。

加入酱油和糖调味。然后静置等待自然冷却。

2. 将鲍鱼肝脏淋上酒后蒸一下，滤掉多余水分。和材料 A 混合，制成肝酱。

3. 将鲍鱼切成适中大小后盛盘，加上肝酱，添上芥末和切好的青柠。

鲍鱼矶边炸

材料（4 人份）

鲍鱼（去壳清理干净）	2 个
酒、昆布汤	各适量
酱油、糖	各少许
淀粉	适量
矶边炸外衣 *	适量
鲜黄花菜（去毒处理好）	适量
食用油	适量
鲍鱼肝酱（参照上文做法 2）	适量
青柠	1 个
盐	少量

* 矶边炸外衣（海苔外衣）：200 毫升天妇罗外衣（蛋黄和 150 毫升冷水混合均匀后，加入 90 克低筋面粉稍微搅拌一下）加入一大勺生青海苔，混匀。

1. 将鲍鱼煮至柔软（参照上文做法 1）。

2. 将鲍鱼切成适中大小，取一半鲍鱼裹上淀粉，另一半裹上矶边炸外衣，然后放入 170℃ 的油锅里炸 3 分钟左右，再单独炸一下黄花菜。

3. 盛盘，加上鲍鱼肝酱，摆上切好的青柠，撒上盐。

鲍鱼茶碗蒸

使用蒸好的鲍鱼肉、
肝脏和蒸后的汤汁，
制作一道奢侈的鲍鱼茶碗蒸。

鲍鱼卷

蒸鲍鱼的时候使用萝卜，
会让整体的口感变得更加柔软。

江之岛碗

玉子豆腐稍微加热后搭配着鲍鱼食用。
质感软糯的玉子豆腐和鲍鱼，
这样的搭配相当美味。

大丽花鲍片

鲍鱼搭配着红心萝卜泡菜，
像花一样盛入盘中。

鲍鱼茶碗蒸

材料（1人份）

蒸鲍鱼（参照 61 页）切成适当的厚度	2 个
鲍鱼肝酱 *	1 大匙

茶碗蒸底料	鸡蛋	1 个
	贝汤（参照 74 页）	50 毫升
	蒸鲍鱼的底料（参照 61 页）	50 毫升

* 鲍鱼肝酱：鲍鱼肝佃煮（参照 258 页）之后滤掉水分，加入煮干料酒（去掉多余酒精的料酒）。

1 鸡蛋和贝汤、蒸鲍鱼的底料混合后，滤掉水，放入蒸笼里蒸熟。

2 放上蒸鲍鱼（1 份 2 个），浇上鲍鱼肝酱。

鲍鱼卷

材料

鲍鱼（带壳）	适量
萝卜	适量
酒	适量
有马山椒（山椒煮）	适量
酱油	适量
盐	适量

1 将带壳的鲍鱼肉上撒满盐，用手指揉搓后流水洗净，放入碗里，再倒入酒至没过鲍鱼，放在蒸笼里蒸 2 小时左右。

2 将萝卜旋转削皮，在开水中焯一下捞出放入冰水中，沥干水分，在步骤 1 的碗里浸泡一会儿。

3 削好的萝卜泡入味，用 4 张削好的薄萝卜包裹住鲍鱼肉。

4 将蒸好的鲍鱼肝和有马山椒捣碎后混合，加入酱油调味。

5 然后将步骤 3 的食材切成适中大小后盛盘，摆上步骤 4 的调味料。

江之岛碗

材料（4人份）

鲍鱼	1 个
葛粉	适量
盐	少量
扁豆	2 个

A	鸡蛋	2 个
	高汤	90~120 毫升
	淡口酱油	少量
	甜料酒	少量

调味汤 *	适量
嫩芽（蔬菜芽）	适量

* 调味汤：1 升高汤、2 大匙酒、2 小匙淡口酱油，再加上 1/2 小匙粗盐，混合均匀后煮好。

1 鲍鱼清理干净，取肉切成薄片，裹上葛粉，在沸盐水中焯一下，然后捞出放入冰水中。

2 将材料 A 的食材混合后放入碗中，碗放入蒸笼，用小火蒸 15 分钟左右，制作玉子豆腐。

3　将扁豆煮熟，泡在调味汤里入味后切成丝。

4　玉子豆腐放入碗里，放上步骤 1 的鲍鱼、步骤 3 的切丝扁豆。然后倒入温热的调味汤，最后撒点嫩芽点缀。

大丽花鲍片

材料（适量）

鲍鱼	1 个
红心萝卜（去皮，纵向对半切开）	适量
泡菜汁（2% 的盐加上少量白酒和花椒，里面放入蔬菜使乳酸发酵）、盐	各适量
酒	2 大匙

1　红心萝卜放入泡菜汁腌制一天。

2　鲍鱼取肉，撒上盐揉搓干净，用流水冲净，去除肝脏。

3　将鲍鱼放入真空袋中，兑入 2 大匙酒后挤出空气封口。放入 60℃的开水中加热 5 分钟（用勺舀着开水使其均匀加热），然后将整个袋子放入冰水，使其立刻冷却。

4　从袋子中取出鲍鱼，去除裙边，切成薄片（图 1、图 2），将红心萝卜和鲍鱼一样切薄片。

5　红心萝卜上面放鲍鱼（图 3），全都卷成小喇叭状（图 4、图 5），然后摆成花的样子盛盘。

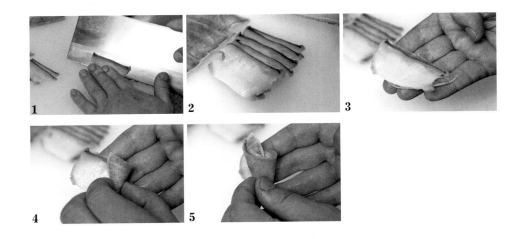

1　　2　　3

4　　5

虾夷鲍鱼烩饭

芦笋的清香搭配鲍鱼的浓香。
一道初夏料理，鲍鱼和杏鲍菇口感相似，
但味道却不同，尽显食趣。

鲍鱼海茸配肝酱

鲍鱼的肝脏部分是很重要的，
肉两面剞上刀纹后浸入浓香的酱汁，
让鲍鱼和其他食材完美融合。

红烧山药干鲍

炒至软糯的山药搭配浓香的鲍鱼。

XO 蒸鲍鱼

鲍鱼和 XO 酱的香味叠加在一起简约却不简单。
蒸出汤汁也很美味。

虾夷鲍鱼烩饭

材料（2人份）

虾夷鲍（日本养殖最多的品种） 100克	鸡肉汤料块 80毫升
胡萝卜、洋葱、西芹（全部切薄片） 各30克	红葱头碎 少量
	杏鲍菇 1个
	盐 适量
岩盐 少量	橄榄油 少量
月桂叶 1片	白葡萄酒 少量
大米 50克	特级初榨橄榄油 适量
蔬菜汤料块 120毫升	芦笋酱（参照下文） 30克

1 流水洗净鲍鱼，刷干净外壳，肉撒上盐揉搓洗净。

2 在真空袋里放入洗好的鲍鱼，加入胡萝卜、洋葱、西芹、岩盐和少量水，密封口。

3 放入80℃的热水中加热1小时，取出在常温中静置等待自然冷却。

4 完全冷却后取出鲍鱼，剥离外壳，取出肉上的肝脏和裙边。肉切成5毫米厚的片，肝去掉裙边后均匀切成4等份。

5 接下来制作烩饭。将蔬菜汤料块、鸡肉汤料块混合后加热。

6 另起锅，倒入橄榄油和红葱头碎稍微翻炒一下，加入大米继续翻炒1~2分钟后，调至小火，倒入白葡萄酒。

7 加入适量步骤4的汤汁煮成米饭。

8 在步骤5的汤料中加入软软的米饭、月桂叶，煮大概13分钟，确定咸味是否适中。

9 在快煮好的3分钟前，在煎锅里倒入橄榄油，放入切成大块的杏鲍菇炒1~2分钟，加入鲍鱼混合，加盐调味。

10 烩饭完成时加入特级初榨橄榄油，稍微烧一下。

11 在盘子上倒一层芦笋酱（1人15克左右），上面放上烩饭、杏鲍菇和鲍鱼，最后盛上鲍鱼肝。

芦笋酱

芦笋	中等个头8根	特级初榨橄榄油	60克
罗勒叶	15克	凤尾鱼	5克
蒜	1克		

1 芦笋切段，入沸水焯一下。

2 芦笋快熟时，放入去掉枝茎的罗勒叶迅速焯一下水，然后捞出芦笋和罗勒叶放入冰水冷却。留下剩下的汤水让其自然冷却。

3 芦笋控干，和罗勒叶一起放入搅拌机，加入蒜、橄榄油、凤尾鱼后搅拌均匀（中途适量兑入上一步的汤水）。

鲍鱼海茸配肝酱

材料（1人份）

虾夷鲍	1个		水、日本酒、甜料酒、酱油、昆布汤、生姜 各适量
鲍鱼菇	1个	A	
生海苔	适量		
西洋菜	适量		
橄榄油、盐	各适量		

*日本酒和水按3：7的比例兑好，可适当调整。

1　锅内加入虾夷鲍，倒入 A 食材至刚刚没过虾夷鲍，盖上锅盖，开火慢煮 1 小时（1 只鲍鱼不太能煮出味，最好放 4 只）。开壳取出鲍肉，分离干净肉和肝部，肉身两面剞十字花刀，再切成方便入口的大小。

2　将虾夷鲍肝、生海苔和适量煮虾夷鲍的汤汁混合，放入搅拌机，制成肝酱汁。

3　将鲍鱼菇切小块，用橄榄油在平底锅煎一下，加入适量盐。

4　以上食材和豆瓣菜一起盛盘。

3　1 小时后关火，取出鲍鱼，冷却。

4　一份鲍鱼需要准备等量的 1 份鸡肉、半份猪腿肉、半份鸡爪、0.3 份金华火腿和少量鸡油、长葱和生姜。所有肉类需要煮好去掉腥味后冲水洗净。

5　砂锅中放入所有食材，倒入上汤，小火煮 10 小时左右，然后关火静置一晚。

6　第二天加入少量酱油，再煮 4 小时。

7　确认一下鲍鱼肉的硬度，变柔软时捞出，浸泡保存。

红烧山药干鲍

材料（3 人份）	小松菜花（盐水煮好）
鲍鱼干　　　　3 个	3 个
山药　　　　90 克	大豆油（或色拉油）
鸡蛋　　　　30 克	少量

1　山药去皮，和鸡蛋混合。

2　在炒锅里倒入少量大豆油，放入步骤 1 的食材后翻炒，山药快熟时调至小火，用勺碾碎山药。

3　山药盛盘，上面放上煮熟的鲍鱼干。

4　将适量泡发鲍鱼干的汤水（参见下文）煮沸后调味，加入水淀粉（另备），薄薄勾芡。浇在步骤 3 的鲍鱼上，加上煮好的小松菜花。

鲍鱼干的泡发方法

1　将鲍鱼干（如图）泡入水中 30~35 分钟（泡到柔软有弹性）。

2　锅里放上鲍鱼，加水后开小火煮 1 小时。

XO 蒸鲍鱼

材料（1 人份）		
鲍鱼　　　　1 个	蔬菜	芦笋（白、绿）　各 1 根
A｛XO 酱　　1 大匙		豌豆　　　　1 把
酱油　　1/2 大匙		红心萝卜（切成
蚝油　　1/2 大匙		扇形小块）　2 个
		绍酒　　　　2 大匙

1　鲍鱼取肉，撒上盐后刷洗干净，去除肝部。

2　处理好的鲍鱼和 2 大匙绍酒一起放入真空袋，挤出空气后封口。

3　然后放入 60℃ 的热水中加热 5 分钟（用勺舀着汤水浇淋使其均匀加热）。然后拿出袋子放入冰水中冷却。

4　取出鲍鱼，和蔬菜一起放碗里入蒸笼，材料 A 浇在碗中。

5　调至中火蒸 3 分钟。

九孔鲍盐水牛肉

牛肉和鲍鱼的香味充满了异域风情。
九孔鲍肉质太软的话就吃不出鲜味了，
通过真空袋以 40℃的温度加热后，鲍鱼还留有半生的口感，柔软有嚼劲。

藤椒九孔鲍

火候过大会让九孔鲍的肉质变硬，
利用真空袋加热的方式就会避免这个问题。

陈皮九孔鲍

10 年陈皮中散发的浓郁香味正好搭配九孔鲍。

九孔鲍盐水牛肉

材料（1人份）

九孔鲍	150 克（约 3 个）
椰汁	200 毫升
柠檬香茅	3 个
干鸡蛋粉	适量
西班牙沙拉（参照下文）	适量
熟透的香檬	少量
西洋芥末	适量
盐、日本酒	各适量

1 九孔鲍刷洗干净，去掉外壳。

2 鲍鱼肉和少量日本酒一起放入真空袋封口。在 40℃的开水中加热 30 分钟。

3 在椰汁中加入柠檬香茅煮至沸腾。加入冰块降温后加入干鸡蛋粉打泡。

4 从真空袋中取出鲍鱼，均匀切成 3 等份，稍微撒些盐后重新放回壳上。

5 再放上西班牙沙拉，挤出两三滴香檬汁，加上步骤 3 的椰汁泡，撒上西洋芥末。

西班牙沙拉（适量）

熟牛肉	1 千克
盐	20 克
杜松果（杜松的果实）	20 克
迷迭香	2 枝
A 丁香	1 个
蒜	1 瓣
黑胡椒	2 克

1 去除牛肉周边的筋。

2 牛肉和材料 A 混合后放入搅拌机打匀。

3 加盐，用保鲜膜包裹起来，放入冰箱冷藏 3 天（每天都均匀加入适量盐）。

4 打开保鲜膜，放入真空袋中继续冷藏 4 天。

藤椒九孔鲍

材料（6 人份）

九孔鲍	25 个
绍酒	2 大匙
鸡汤	约 1 升
A ┌ 盐	1 大匙
└ 淡口酱油	2 大匙
B ┌ 红辣椒、青辣椒　各 3 个（切成 5 毫米宽的条）	
├ 蒜碎	3 瓣
└ 青花椒	7 克
太白芝麻油	50 毫升

1　九孔鲍用流水洗净，刷洗干净外壳。放入真空袋兑入 2 大匙绍酒，挤出空气后封口。放入 60℃的开水中加热 5 分钟（用勺舀开水浇淋使其均匀加热）。

2　打开袋子，分离出鲍鱼和汤汁。

3　将步骤 2 的汤汁和鸡汤混合好取 1 升，加入材料 A，放入鲍鱼。

4　在一个耐热的碗里加入材料 B，将太白芝麻油加热至 180℃后倒入碗里，这时会散发出香气。

5　将步骤 4 的食材和步骤 3 混合入味，静置 1 天后食用。

陈皮九孔鲍

材料（适量）

九孔鲍	4 个
陈皮（腌制 10 年的陈皮，没有就用普通陈皮）	6 克
长葱（切丝）	6 克
生姜（切丝）	1 克
A ┌ 酒	2 大匙
└ 鱼露汁（鱼酱）	2 大匙
葱油	2 大匙

1　陈皮加水至刚刚没过，泡至柔软，捞出切掉边缘白色部分，切丝。

2　将九孔鲍的表面洗净，放入真空袋加入材料 A 和陈皮，挤出空气封口。放入 60℃的热水中加热（用勺舀开水浇淋使其均匀加热，图 1~ 图 3）。

3　从真空袋中取出鲍鱼，盛盘。倒入袋中的汤汁，撒上长葱和生姜。将葱油加热至 180℃，浇在上面。

螺贝·红娇凤凰螺·马蹄螺

夹心螺肉

干脆的饼皮中夹着软弹的螺肉和鲜香的鲶鱼肝。

名字和外表都让人耳目一新。

烟熏白螺麝香葡萄沙拉

熏制贝肉原本就很美味，采用这样的烹饪方式也增添了些趣味性。

再加上麝香葡萄和番茄，组成一道可口沙拉。

黑胡椒螺贝

看似是鸡肉串，但其实是螺肉。

撒些黑胡椒味道更好。

夹心螺肉

材料（4 人份）

虾夷法螺	2 个
鲶鱼肝	200 克
葱（切小段）	3 根
A ⎰ 水	500 毫升
酒	100 毫升
酱油	100 毫升
甜料酒	100 毫升
糖	1 大匙
生姜（切薄片）	5 克
B ⎰ 白味噌	1 大匙
马斯卡彭奶酪	1 大匙
夹心用饼皮	适量

1 鲶鱼肝清洗干净，和材料 A 混合翻炒。

2 捞出鲶鱼肝，沥掉汤汁后和材料 B 混合。

3 虾夷法螺取出肉，清洗干净，切成大块。

4 将以上食材与葱搅拌均匀，夹在饼皮中间盛盘。

烟熏白螺麝香葡萄沙拉

材料（2 人份）

越中贝	4 个
小番茄	3 个
麝香葡萄	3 粒
A ⎰ 酒	5 毫升
酱油	适量
糖	2 大匙
薄荷	少量
橄榄油	1 大匙
帕马森芝士（切碎）	适量

• 熏制用的烧烤木屑（樱花木）

1 将红娇凤凰螺带壳放入锅里，加入 180 毫升水和材料 A 小火煮一会儿（参照 60 页）。

2 用牙签掏出肉和肝脏（参照 60 页），放在铁丝网上，下面放上樱花木屑，熏制 30 分钟左右。

3 将小番茄去皮，麝香葡萄对半切开。

4 将红娇凤凰螺切成适中大小，和步骤 3 的食材混合后装盘，撒上薄荷，浇上橄榄油，加上帕马森芝士。

黑胡椒螺贝

材料（2人份）

虾夷法螺	3 个
黑胡椒	适量
柠檬	1/2 个
┌ 酱油	2 大匙
A 甜料酒	1 大匙
└ * 两者混合。	

1　虾夷法螺取出螺肉，清洗干净，切成适中大小，穿到签子上。

2　上面抹上材料 A 放在烤架上烤熟，撒上黑胡椒。盛盘，摆上柠檬。

螺贝时蔬

可以品尝到螺肉和蔬菜各自独特味道的一道菜。

玫瑰花鲜螺汤

玫瑰花香四溢助于安眠。
螺肉的口感是点睛之笔。

芥菜拌香螺粉皮

粉皮是用绿豆粉做成的薄片状食品。
还可以品尝到螺肉与蔬菜之间口感的差异。

螺贝时蔬

材料（2人份）

虾夷法螺		1 个
分葱酱汁	分葱（绿色部分）	1 把
	蒜（带皮的蒜裹上橄榄油放入 200℃ 的烤箱烤 20 分钟后去皮）	1 个
	花生	50 克
	橄榄油	200 毫升
	水	150 毫升

* 所有食材混合放入搅拌机打匀后滤掉渣滓。

蔬菜	油菜花、小洋葱、香菇、茄子、苦丁菜、紫甘蓝、白菜	各适量
盐、橄榄油、柠檬汁		各适量

1 虾夷法螺去壳，取出肉和肝脏后清理干净，肉切成适中大小。煎锅里倒入橄榄油稍微煎一下肝脏。

2 油菜花用炭火稍微烤一下；小洋葱带皮放入烤箱烤，然后去皮纵向对半切开；香菇用橄榄油煎一下；茄子烤好然后切成适中大小；苦丁菜、紫甘蓝和白菜切成方便入口的大小；白菜放入油锅里炸一下。

3 将蔬菜放入大碗里，兑入盐、橄榄油和柠檬汁拌匀。

4 盘子上铺一层分葱酱汁，摆上以上食材。

玫瑰花鲜螺汤

材料（2人份）

虾夷法螺	1/2 个
玫瑰花茶	10 朵
鸡汤	300 毫升
盐	少量

1 虾夷法螺取出螺肉，分离肝脏后用水冲洗干净。

2 螺肉纵向对半切开，清理干净后切成薄片。

3 鸡汤煮沸后放入玫瑰花茶，盖住锅盖加热 5 分钟左右，滤出花瓣。

4 再回锅，加入少量盐。

5 盘子中放上贝肉，倒上步骤 4 的高汤，撒些花瓣。

芥菜拌香螺粉皮

材料（2~3人份）

虾夷法螺	1个（约400克）
粉皮（参照下文）	100克
黄瓜（切成5毫米见方的丁）	20克
红心萝卜（切成5毫米见方的丁）	20克
大葱（葱白部分切成7厘米长，再切丝）	10克

芥末酱汁	三温糖	3克
	酱油	10克
	米醋	7克
	鸡精	15克
	芥末粒	20克

葱油	1大匙

1 虾夷法螺取出螺肉，去除肝脏后洗净。
2 肉纵向对半切开，切成薄片。用沸水焯一下后放入冰水。
3 将芥末酱汁的原料全部混合。

4 盘子里铺一层粉皮，将螺肉沥干后放入，周围摆上黄瓜和红心萝卜，上面浇上芥末酱汁，摆上葱丝，最后浇一大勺加热到180℃的葱油（食用时搅拌均匀）。

粉皮

绿豆粉	50克
水	100毫升
香菜根茎（切碎）	10克

1 将绿豆粉混合适量水后静置半天。
2 之后加入香菜根茎搅拌均匀（图1），为了不使其沉淀结块，一边搅拌一边薄铺到方平底盘里（图2），然后放到开水上面蒸30秒左右。
3 蒸至呈半固体状半透明的状态，将盘子放入沸水中，煮90秒左右（图3）。
4 煮好后捞出放入冰水（图4），冷却凝固后倒出（图5），切成1厘米宽的片（图6）。

蒸笼凤螺肉饼

螺肉和鱼露的香味相互呼应，
这比贝肉搭配着猪肉和蔬菜
更能品尝到各种口感与鲜味。

蒜黄香菜炒凤螺

螺带着外壳直接下锅炒。
这里需要提前煮好咸味底汤，方便入味。
在后续合并翻炒其他食材时，
整体的口感会更自然。

风干凤螺

用食品干燥机使螺肉变干，口感会更软弹。
它是一道不错的下酒菜。

维蒂奇诺酒蒸马蹄螺

融合着各种香味的汤汁用来煮马蹄螺，
加上维蒂奇诺酒（辛辣口葡萄酒）的香味，
让整道料理口齿留香。

蒸笼凤螺肉饼

材料（4人份）

红娇凤凰螺（带壳）	10个（约500克）
猪肉丝	100克
干香菇（泡发后切成5毫米见方的丁）	2个
山药（去皮，切末）	70克
小葱（切碎）	少量

A
酱油	15克
酒	15克
绍酒	15克
鱼露	10克

B
长葱（切碎）	20克
生姜（切碎）	5克
葱油	5克
淀粉	5克

1 红娇凤凰螺洗净，放入锅里，倒入水至刚刚没过贝，开火，水沸腾后捞出螺。

2 取出螺肉，去除肝脏，切成5毫米宽的薄片。

3 在碗里放入猪肉丝和材料A后搅拌均匀，加入干香菇、山药和螺肉后再次搅拌均匀，然后加入材料B搅拌。

4 平整地放入小蒸笼中蒸10分钟。放上小葱，最后和贝壳一起盛盘。

蒜黄香菜炒凤螺

材料（4人份）

红娇凤凰螺（带壳）	10个（约500克）
绿豆粉丝（水中泡发后）	30克
蒜黄（切成4厘米长）	40克
香菜根茎（切成4厘米长）	30克

A
酒	200毫升
水	200毫升
盐	6克
酱油	15克
花椒粒	2小匙
红辣椒（切小片）	2大匙

B
葱油	2大匙
长葱（顺着纤维纵向切成4厘米长的丝）	10克
生姜（切丝）	3克
绍酒	1大匙

1 红娇凤凰螺用水洗净，去掉污泥。

2 将材料A中除了盐和酱油的所有材料放入锅里，加入螺，以80℃的温度煮20分钟。加入盐和酱油再煮10分钟。然后关火静置冷却。

3 去除螺上的口盖。

4 炒锅倒入葱油，加入长葱、生姜后炒出香味，然后倒入绍酒，加入步骤2的150毫升煮汁和粉丝，放入螺肉加热1分钟左右。

5 加上蒜黄和香菜根茎，调至大火翻炒，当蔬菜变软时就可以盛盘了。

风干凤螺

材料（5 人份）

红娇凤凰螺（带壳）		10 个（约 500 克）
煮汁	酒	200 毫升
	水	200 毫升
	三温汤	20 克
	酱油	50 克
	沙茶酱	15 克
	蚝油	15 克
	红辣椒	3 个
	花椒粒	1 小匙
芝麻油、白芝麻		各少许

1 红娇凤凰螺洗净去污。
2 将煮汁的材料和红娇凤凰螺放入锅里，在 80℃的温度下煮 30 分钟，然后关火等待自然冷却。
3 冷却后捞出螺，去除口盖，用牙签挑出肉，剥离肝脏，将肉放入煮汁浸泡。
4 浸泡半天后，取出肉，控干水，放入食品干燥机内调至 65℃，干燥 1 小时 30 分钟（如图）。
5 当表面干燥后，浇少量芝麻油，沾一点白芝麻后盛盘。

维蒂奇诺酒蒸马蹄螺

材料（适量）

马蹄螺（带壳）		300 克
岩盐		适量
A	鱼酱（濑户内海鱼酱）	4 克
	去瓤番茄	3 克
	生海苔	5 克
	蔬菜汤块料	80 克
葡萄酒 *		30 毫升

* 葡萄酒：使用 Vemlhio Samperi 葡萄酒，这是一种不添加酒精纯发酵制成的辛口葡萄酒。

1 将马蹄螺用流水冲洗干净，刷掉壳上的污泥。
2 将材料 A 全部放入小锅，煮 15 分钟，之后调至小火再煮 5 分钟，捞出食材，留下汤汁。
3 在方平底盘上铺一层岩盐，上面排列好马蹄螺，壳口朝上。将步骤 2 的汤汁倒入螺口。
4 将方盘放入烤箱内以 180℃烤 8 分钟，取出后在壳内倒入葡萄酒，再放回烤箱，以同样的温度加热 5~8 分钟。
5 去掉螺的口盖，用牙签取出肉，再放回壳内，然后盛盘。

扁玉螺·阿古屋贝

扁玉螺冷粗麦

螺肉十分有嚼劲，
搭配上彩色的蔬菜，鲜艳可口。

雪见贝大福

糯米的柔软和贝肉的软弹、红豆馅的甜味与草莓的
酸味全部融合到一起。口感丰富有层次。

扁玉螺冷粗麦

材料

扁玉螺	适量
青豌豆	适量
花生	适量
胡萝卜	适量
粗磨小麦（大粒，煮好后冷却）	适量
盐	适量

A
橄榄油	适量
蒜末	适量
香菜粉	少量
辣椒粉	少量
胡椒、盐	各少许
柠檬（切好）	1瓣

1 扁玉螺煮好后取出肉，切成适中大小。

2 将花生、胡萝卜切成5毫米见方的丁，和豌豆一起在盐水中焯一下。

3 上两步的食材冷却后，与煮好的粗磨小麦混合，加上材料A后搅拌均匀，最后盛盘，摆上柠檬。

雪见贝大福

材料（4人份）

A
糯米粉	60克
米粉	20克
糖	20克
水	140毫升
红豆馅（粒状馅）	适量
煮阿古屋贝（参照下文）	适量
草莓	2个
淀粉	适量

1 将材料A放入锅里搅拌均匀，开火煮20分钟后关火，等待自然冷却。然后均匀切成4等份，裹上淀粉后用擀面杖擀平。

2 将红豆馅、阿古屋贝肉和对半切开的草莓都用步骤1的糯米皮包起来，做成大福的形状。

炖煮阿古屋贝

阿古屋贝	4个
酒	50毫升
糖	1大匙

将阿古屋贝的贝肉取出，清理干净后切成适中大小，放入锅内，加入180毫升水和酒、糖炖煮。

混合贝类

沁香贝

这种做法是源自日本北海道或
日本东北地区的传统烹饪方式，
将鲜鲱鱼和鲑鱼放入盐和米曲内发酵制成。
这里换成贝肉，味道甘甜，
淡淡酒味让人口齿留香。

菌菇与贝的松前酱菜

源自北海道的乡土料理，原本用鲱鱼籽等制作而成，
这里换成贝肉与蘑菇。

香贝凤尾鱼

用酒盗腌渍贝肉，需要搭配饭团一起食用，
所以口味可以稍微重一点。

香贝沙丁鱼

采用了让胡椒的辣味更入味的油渍方法，
和面包一起食用味道会更好。
保存时油和盐的量都需要稍微多一点。

沁香贝

材料

鲍鱼、虾夷法螺、北极贝、扇贝瑶柱、
赤贝、花蛤（煮熟去壳）　　　　各适量

A ⎰ 米曲　　　　　　　　　　　100 克
　⎰ 盐　　　　　　　　　　　　1 小匙
　⎰ 糖　　　　　　　　　　　　2 大匙
　⎰ 煮好的甜料酒　　　　　　　少量
　⎰ 红辣椒末　　　　　　　　　少量

1 花蛤以外的贝类都要去壳后清理干净，肉切成方便入口的适中大小。

2 在碗里放入材料 A，加入所有贝肉，盐渍起来（1 小时左右就可以食用，可以保存 2 周左右）。图片是在盘子上撒了花穗紫苏。

菌菇与贝的松前酱菜

材料

鲍鱼、虾夷法螺、北极贝、扇贝瑶柱、
赤贝、花蛤（煮熟去壳）　　　　各适量
灰树花、姬菇、滑菇等　　　　　各适量

松前盐 ⎰ 切丝的昆布　　　　　　适量
渍底料 ⎰ 煮好的甜料酒　　　　　3 大匙
　　　 ⎰ 酱油　　　　　　　　　3 大匙
　　　 ⎰ 煮好的酒　　　　　　　2 大匙

1 蘑菇过水焯一下。

2 将花蛤以外的贝类全部去壳清理干净，然后切成适中大小。

3 在碗里放入松前盐渍底料，待昆布变软后加入蘑菇和贝肉，盐渍起来（1 小时左右就可以食用）。

香贝凤尾鱼

材料

鲍鱼、虾夷法螺、北极贝、扇贝瑶柱、	
赤贝、花蛤（煮熟去壳）	各适量
盐	少量
鲣鱼酒盗	适量
橄榄油	适量
蚕豆（盐水煮后去皮，切成适中大小）	少量
柚子皮（切丝）	少量
饭团	适量

1 将花蛤以外的贝类全部去壳清理干净，然后切成适中大小。

2 贝肉撒上盐（考虑到酒盗中有盐分，少量即可），放入酒盗中，倒入橄榄油至没过食材，放到冰箱保存。

3 贝肉和蚕豆一起盛盘，撒上柚子皮，摆上小块饭团。

香贝沙丁鱼

材料

鲍鱼、虾夷法螺、北极贝、扇贝瑶柱、	
赤贝、花蛤（煮熟去壳）	各适量
蒜（切薄片）	适量
胡椒	适量
盐	适量
橄榄油	适量
小番茄（切薄片）	少量
面包	适量

1 将花蛤以外的贝类全部去壳清理干净，然后切成适中大小。

2 贝肉上撒盐，和蒜、胡椒一起放碗中，加橄榄油，橄榄油刚刚没过食材即可，然后放入冰箱保存。

3 取出盛盘，加上小番茄，最后摆上面包。

什锦春意

春季的蔬菜与贝肉的组合菜品。

贝味噌

味噌腌制过后的贝肉口感丰富有层次。
搭配上日本酒，别致的香味在齿间萦绕，回味无穷。

味噌酱贝

油炸贝肉的组合拼盘。
金黄外衣中加入了啤酒，口感更加清脆。

什锦春意

材料

意大利面（粗管状面，煮好）	适量
食用油	适量

A 竹笋、贝汤（参照74页）、淡口酱油、赤螺肝、盐、酱油、甜料酒、酒、糖、嫩芽（蔬菜芽） 各适量

B 茗葱、蒜、彩椒（切成5毫米见方的丁）、番茄（切成5毫米见方的丁）、白海松贝（水管部分切成薄片）、橄榄油、盐、葡萄柚果肉 各适量

C 款冬花、色拉油、味噌、糖 各适量
带子裙边（煮后切碎）、猪牛肉混合午餐肉、盐、胡椒、柚子胡椒（柚子皮和辣椒制成）、天妇罗外衣、食用油 各适量

D 白身鱼肉末、扇贝瑶柱、蛋黄液（参照82页）、辣味油菜花（将煮好的油菜花混合贝汤、淡口酱油、黄芥末粉）、煮鸡蛋的蛋黄（煮熟后煎一下蛋黄成小块状） 各适量

E 鲍鱼（煮好）、花蛤（煮好去壳）、贝汤、贝汤酱汁（贝汤加热后放入板状明胶，入冰箱冷却凝固）、芥末粉 各适量

F 荚果蕨（煮好，取前端部分）、葡萄柚（取出果肉）、大黄蚬（处理完的贝足部分）、盐、胡椒、生火腿、橄榄油 各适量

A

1 焯好的竹笋放入贝汤熬一会儿，加入少量淡口酱油调味。
2 将竹笋外侧薄削一层出来（类似削苹果皮的方式），穿到扦子上使其干燥，然后放在臼里捣碎成粉，放在煎锅里加盐煎一下，制成竹笋盐。
3 剩下的竹笋纵向切薄片。
4 将赤螺肝煮一下，放入锅里，加入酱油、甜料酒、酒和糖后煮一下，然后捞出。
5 将意面切开，平铺放入油锅里炸一下。
6 在意面上依次放竹笋、赤螺肝，上面盖一层竹笋盐，最后撒上嫩芽。

B

1 将茗葱和普通蒜都切成适中大小，然后放进臼中加入橄榄油和盐捣碎混合。
2 加入彩椒、番茄和葡萄柚果肉。
3 将意面切开，上面放上白海松贝，放入上一步的食材。

C

1 制作款冬花味噌，将款冬花切碎，放进锅里，多倒些色拉油翻炒，然后加入味噌和糖调味。
2 另取煎锅，倒入少量色拉油，加入猪牛肉混合午餐肉翻炒，然后加入盐、胡椒、柚子胡椒调味，最后加入平贝裙边。
3 在意面里放入步骤2的食材，圆筒的下半部分裹上天妇罗外衣，只炸一下这个部分。
4 在盘子上铺一层步骤1的款冬花味噌，放上步骤3的食材，最后撒上款冬花。

D

1 将白身鱼肉末、扇贝瑶柱和蛋黄放入臼中捣碎，制作肉末山药糕。
2 在意面里放入肉末山药糕，放在蒸笼里蒸熟。
3 蒸好后，上面放上辣味油菜花和煮鸡蛋的蛋黄。

E

1 花蛤肉放入贝汤中熬制。

2 将鲍鱼和花蛤肉放入贝汤酱汁中腌渍。

3 将鲍鱼和花蛤（用于摆在上面装饰的部分切出形状）混合贝汤酱汁，放入意面里，最后撒上芥末粉。

F

1 在葡萄柚和大黄蚬上撒盐和胡椒。

2 在意面中塞入步骤 1 的食材和莢果蕨。卷上生火腿，浇上橄榄油。

贝味噌

材料（组合）

赤贝——生胡椒

大竹蛏——蓝芝士

牡蛎——青椒

虾夷法螺——芥末混合酱油

带子（瑶柱）——黄柚子皮（切丝）

昌螺——草莓（切到 5 毫米见方的丁）

扇贝瑶柱——嫩芽（蔬菜芽）

1 贝去壳，全部放入味噌腌渍（参考 62 页，3 日左右就可以食用）。

2 贝肉腌渍好取出烘干，按照上文的组合搭配盛盘。

味噌酱贝

材料

牡蛎、带子（瑶柱）、北极贝、赤螺		各适量
盐		少量
外衣	面粉	5 大匙
	发酵粉	1/2 小匙
	啤酒	100 毫升
食用油		适量
贝肝蛋黄酱（参照下文）		适量

1 将贝全部去壳，清理干净。

2 面粉混合发酵粉，加入冷啤酒，搅拌均匀，制作外衣。

3 贝肉撒盐，裹上外衣，放入热油锅里炸，盛盘，加上贝肝蛋黄酱。

贝肝蛋黄酱

蛋黄酱	蛋黄	5 个
	色拉油	400 毫升
	醋	20 毫升
	柠檬汁	2 大匙
	盐	1 小匙
白海松贝（煮好）		5 个

1 蛋黄混合色拉油倒入搅拌机打至稍微凝固，加入醋、柠檬汁和盐再次搅拌，制作蛋黄酱。

2 将白海松贝的肝放入臼中捣碎，加入 4 大匙蛋黄酱后搅拌均匀。

蛎贝沙拉配生姜果冻

贝肉和蔬菜都很搭的生姜酱汁绝对值得一尝。

蛎贝泰国香米

菜品的灵感源自越南料理中的鸡肉香米饭。
这里用贝肉代替鸡肉，
再混合鱼露和甜辣酱，
让贝肉更有味道。

蛎贝饭

品尝到各种贝肉及不同的口感，
是一道奢侈的料理。

蛎贝沙拉配生姜果冻

材料（4 人份）

贝	赤贝	1 个
	带子	1 个
	紫鸟贝	1 个
	白海松贝	1 个
	虾夷法螺	1 个

果蔬	秋葵	4 根
	芦笋	2 个
	黄瓜	1 根
	萝卜缨	1/2 包
	牛油果	1 个

太白芝麻油	2 大匙
盐	适量
花穗紫苏	少量

生姜酱汁	高汤	360 毫升
	淡口酱油	15 毫升
	浓口酱油	15 毫升
	甜料酒	30 毫升
	千鸟醋	60 毫升
	糖	1 小匙
	板状明胶	7.5 克（5 个）
	嫩姜（切末）	20 克

1 制作生姜酱：前 6 种材料混合后煮沸，加入泡发好的板状明胶，熔化后放入冰箱冷却凝固。

2 取 200 毫升，加入嫩姜碎末，搅拌均匀。

3 将贝去壳，分离肉和裙边，清理干净，将带子瑶柱稍微烘干，紫鸟贝用沸水焯一下放入冰水。所有贝肉都切成适中大小。

4 将秋葵和芦笋放入盐水稍微焯一下，然后切成适中大小。

5 将黄瓜切成 1 厘米厚的圆片；切掉萝卜缨的根部；去除牛油果的皮与核，然后切成适中大小。

6 将果蔬和太白芝麻油拌匀。

7 将贝肉和果蔬都摆好盘，加上生姜酱汁，最后撒上花穗紫苏。

蛎贝泰国香米

材料（适量）

贝	虾夷法螺	1 个
	牡蛎	2 个
	大竹蛏	2 个
	竹蛏	2 个
	北极贝	1 个
酒		少量
浇头	蒜碎	1 小匙
	生姜碎	1 小匙
	长葱碎	2 大匙
	芝麻油	1 大匙
	酱油	1/2 小匙
	鱼露	1/2 小匙
	蚝油	1/2 小匙
	甜辣酱	1 大匙
	柠檬汁	1 小匙
	芝麻	适量

* 所有材料：混合。

大米（泰国茉莉花米）	300 克
贝汤（参照 74 页）	360 毫升
香菜	适量

1 所有贝类去壳清理干净，加入少量酒，放入蒸笼，大火蒸 10 分钟。

2 将茉莉花米放入贝汤煮熟。

3 米煮好后盛盘，放上贝肉，周围淋上浇头，撒上香菜。

蛎贝饭

材料（8 人份）

贝	北极贝	1 个
	扇贝瑶柱	2 个
	白海松贝	1 个
	紫鸟贝	2 个
	鲍鱼	1/2 个
黄油		15 克
酒		2 大匙
大米		450 克（用水洗净后滤掉水）
A	水	600 毫升
	昆布汤	5 克
	淡口酱油	60 毫升
	酒	60 毫升
鸭头葱（没有普通葱的呛味）		10 根
黄柚子		少量

1 将所有贝类去壳清理干净，分离肉与裙边，切成适中大小。

2 将鲍鱼以外的贝肉用黄油稍微炒一下，要关火前淋些酒。

3 在沙锅中放入大米和材料 A、鲍鱼，把米饭煮熟，快熟的时候放入贝肉。

4 将鸭头葱切成 3 厘米长放入沙锅，上面撒上黄柚子皮。

贝肝

贝肝咖喱

贝肝与咖喱绝配，加入贝肝的咖喱口感丰富有层次。

鲍鱼肝樱花饼

里面的夹心并不是红豆，而是佃煮的鲍鱼肝。
这是一道简约奢华的下酒菜。

蛎贝饭团

使用了佃煮贝、贝肉末和香松的饭团子，
口味不一，可慢慢品尝。

赤贝芝士糖果

佃煮赤贝肝搭配伴有酱菜的芝士，
是美味的下酒菜。可爱的外观也是一大亮点。

贝肝咖喱

材料（适量）

贝肝	赤贝肝	6 个
	带子肝	2 个
	白海松贝肝	2 个
	虾夷法螺肝	2 个
	脉红螺肝	2 个
洋葱（切碎）		2 个
咖喱块（超市有售）		2 大匙
黄油		1 小匙
黑胡椒		少量
米饭		适量
干石莼（海白菜）		适量
贝肝香松（参照 259 页）		少量

1 所有贝肝煮好，切成小块。

2 在煎锅里倒入色拉油（另备），放入洋葱和贝肝，混合翻炒。

3 炒至收汁上色后加入咖喱块、黄油、黑胡椒混合。

4 米饭盛盘，上面盛上步骤 3 的食材，放上石莼和贝肝香松。

鲍鱼肝樱花饼

材料

鲍鱼肝佃煮	鲍鱼肝 *	500 克
	老抽、浓口酱油、糖、酒	各适量
樱花饼底料	五谷米、日本大米　各适量（二者同量）	
	糯米　适量（大约是五谷米 + 日本大米的一半）酒	少量
	糖、盐、鱼露	各适量
紫苏叶、花穗紫苏、浅色浇头 *		各适量

* 鲍鱼肝：日本出口的鲍鱼是去除肝的，所以肝可单独出售。这里使用的就是剩下的肝。由于肝里面有很多细沙，所有要清理干净使用。

* 浅色浇头：贝汤（参照 74 页）加热后兑入酒和淡口酱油调味，用水淀粉勾芡。

1 制作鲍鱼肝佃煮：将鲍鱼肝切开口子，放在滤网上揉搓洗净，除去泥沙。

2 将鲍鱼肝沥干水分后放入锅内，加入老抽、浓口酱油、糖和酒开火炖煮。

3 制作樱花饼：将五谷米和日本大米混合，稍稍加入些水，再兑入少量酒，煮到比平常稍微硬一点即可。

4 用擀面杖将米饭捣碎，加入糖和盐调味。

5 糯米中加入适量水蒸熟捣碎。

6 将步骤 4、步骤 5 的食材按照 2：1 的比例混合揉捏。

7 然后取适量揉捏好的底料，用水压平，包裹上沥干的鲍鱼肝，表面稍微加一些鱼露，再用紫苏叶包裹起来。

8 盛盘，加上花穗紫苏，淋上浇头。

蛎贝饭团

材料

米饭	适量
赤贝肝和海苔佃煮（参照 73 页）	适量
扇贝肉末（参照 70 页，用肝味噌和 带子肝制作）	适量
贝肝香松（将带子肝和白海松贝肝煮好后 放在阳光下晒干，再和少量海苔一起放入 搅拌机打匀）	适量

将米饭揉成三个小饭团，一个上面放赤贝肝和海苔佃煮；另一个上面放上扇贝肉末；最后一个裹上贝肝香松，最后盛盘。

赤贝芝士糖果

材料

奶油奶酪	适量
马斯卡彭奶酪	适量（和奶油奶酪同量）
酱菜（切碎）	适量
赤贝肝佃煮（参照 73 页，其中不加入海苔）	适量

1 将奶油奶酪和马斯卡彭奶酪，加入切好的酱菜混合搅拌。

2 取一口大小的分量，里面加入赤贝肝佃煮后揉成团，用糖果纸包裹起来。

* 菜品的图片为了展示清楚，将赤贝肝佃煮放在了芝士球上面。

贝肝小煎包

莲藕中是用黄油煎的带子肝。

贝肝春卷

带子肝、干贝和干煎的豆豉，
以及干虾等食材做出的一道春卷。

贝汤

贝汤凉粉

用贝汤制作凉粉，调味的土佐醋中也加有贝汤，

让贝的鲜味更加浓郁。

贝汤茶泡饭

吃一口加入赤贝肝佃煮的饭团，

再来一口贝汤熬出的绿茶，

让食材的香味在口中融为一体。

贝肝小煎包

材料

带子肝（煮好，用白海松贝或赤贝肝也可以）适量	
黄油、盐、胡椒	各适量
面团 莲藕	适量
蛋清	适量
淀粉	适量
天妇罗外衣	适量
勾芡汁 贝汤（参照 74 页）	适量
淡口酱油	少量
葛粉	适量
香菜	适量
黄柚子皮（切丝）	少量
食用油	适量

1 制作面团：莲藕去皮切碎，稍微滤掉多余水分后放入碗里。

2 蛋清用打蛋器打出泡。

3 莲藕、蛋清和淀粉混合。

4 将带子肝切小块，用黄油炒，加入盐和胡椒调味。

5 用步骤 3 的面团包裹带子肝，用保鲜膜包裹，放在蒸笼上蒸熟。

6 蒸好后去掉保鲜膜，裹上天妇罗外衣，放入油锅里炸。

7 贝汤加热，用淡口酱油调味，加入水葛粉勾芡。

8 步骤 6 的食材盛盘，浇上勾芡汁，最后撒上香菜和柚子皮。

贝肝春卷

材料（适量）

带子肝（煮好）	6 个
猪肉末	300 克
豆豉	10 克
虾肉干	10 克
白菜	1/2 个
小葱	1 把
盐、胡椒、芝麻油	各适量
春卷皮	适量
食用油	适量
汤汁 辣油	适量
干贝（水中泡发后切碎）	适量
醋	适量
酱油	适量

* 以上材料：混合。

长葱（葱白部分切薄片，开水焯一下沥干水分）	适量
芦笋（细长芦笋，盐水焯过）	适量

1 将豆豉混合虾肉干，放在煎锅里干煎一下，没有水分后切成碎末。

2 将白菜和小葱切碎，撒上盐，搅拌静置至渗出水分。

3 碗里放入猪肉末、带子干和步骤 1、步骤 2 的食材，加入盐、胡椒和芝麻油调味，制作春卷的馅。

4 用春卷皮卷起馅，在油锅里炸。

5 然后切成适当大小，盛盘，加上长葱和芦笋，最后浇汁。

贝汤凉粉

材料（适量）

贝汤（参照 74 页）	200 毫升
寒天（洋菜）	适量

土佐醋	贝汤（参照 74 页）	60 毫升
	醋	10 毫升
	东丸酱油	10 毫升
	甜料酒	5 毫升

* 以上材料：混合。

石莼（干燥）	少量
茗荷（薄片）	少量

1　贝汤倒入锅里加热，放入寒天煮熔，然后倒进罐子里，放入冰箱冷却凝固。

2　用挤粉丝的工具挤出粉丝，盛盘，浇上土佐醋，最后放上石莼和茗荷。

贝汤茶泡饭

材料（1 人份）

贝汤（参照 74 页）	180 毫升
绿茶叶	1 小匙
米饭	适量
佃煮赤贝肝（参照 73 页，不加海苔）	适量
日式炸脆米	适量

1　贝汤中加入绿茶叶，开火煮，捞除茶叶。

2　在米饭中放入佃煮赤贝肝，揉捏成团，均匀蘸取日式炸脆米。

参考
• 《日本近海产贝类图鉴（第二版）》，奥谷乔司编，东海大学出版部。
• 《贝类学》，佐佐木猛智著，东京大学出版会。
• 《食品成分表 2017（第 7 修订版）》，女子营养大学出版部。

鹌鹑贝钵

用贝汤制作的贝汤冻中加上鹌鹑蛋黄，
一口即食，让香味在口中飘散。

焦糖贝

日本有用贝汤或贝肝制作的糖果。
香甜中带有贝肉的鲜美，口感独特。

鹌鹑贝钵

材料

鹌鹑蛋黄	适量（取决于制作个数）
贝汤（参照 74 页）	适量
白酱油	少量
贝汤冻 ┌ 贝汤（参照 74 页）	400 毫升
└ 板状明胶	1 个（10 克）
蛋清	1 个
山药（切碎）	10 克
炸水果（草莓、橙子）、黑胡椒	各少许

1 完整取出鹌鹑蛋的蛋黄，放入白酱油调过的贝汤中浸泡一晚。

2 制作贝汤冻：加热贝汤，加入泡发好的板状明胶熔化，余热消散后放入冰箱冷藏等待凝固。

3 将蛋清搅拌起泡制作外皮，加入山药，用白酱油调味。

4 将炸好的草莓和橙子都切成碎末。

5 在小勺子上面，依次放上步骤 1 的蛋黄、步骤 2 的贝汤冻、步骤 3 的外皮，分别撒上炸草莓末、炸橙子末和黑胡椒。

焦糖贝

材料（适量）

A ┌ 贝汤（参照 74 页）	150 毫升
├ 牛奶	150 毫升
└ 糖	50 克
贝肝（煮好，用赤贝、白海松贝和带子都可）	共计 30 克

1 将材料 A 放入锅里，开小火，用锅铲搅拌加热。

2 差不多变得浓稠后，加入贝肝继续加热（加热至凝固需要些时间，要慢慢加热）。

3 当渐渐凝固起来时，倒入模具冷却，固体成型后切成方块，用厨房纸包裹成糖果状。

补充菜谱

87 页
扇贝高汤

扇贝裙边	500 克
水	2 升

1. 扇贝的裙边上撒上岩盐（另备），揉搓掉黏稠液体。
2. 放在流水下冲洗干净，冲掉盐。
3. 裙边加水煮。
4. 煮沸去除苦味，改小火煮 20 分钟，滤掉汤汁。
5. 重新加水煮至体积减少一半即可。

87 页
扇贝薄饼

低筋面粉	30 克	澄清黄油	400 克
荞麦粉	40 克	鸡蛋	30 克
扇贝高汤（参照上文）	500 克		

1. 将低筋面粉和荞麦粉放在碗里混合。
2. 扇贝高汤中打入鸡蛋混合，加入少量两种面粉搅拌均匀，加入澄清黄油。
3. 不沾平锅中加入少量步骤 2 的食材，慢慢收干水分。稍微变硬时翻面继续慢慢加热。

87 页
白酒酱汁

红葱头碎	75 克	无盐黄油	50 克
贻贝酒蒸汁 *	250 毫升	柠檬汁	20 毫升
白葡萄酒	200 毫升	盐、白胡椒	各少许
白酒醋	80 毫升		
奶油	300 毫升		

1. 将红葱头、白葡萄酒和白酒醋混合后煮至沸腾，熬煮至体积缩小至 1/3 即可。
2. 然后加入贻贝酒蒸汁，煮至体积缩小 1/3，加入奶油，用打蛋器一边搅拌一边加入黄油，再加入盐和白胡椒调味，最后加入柠檬汁。

将蒸贻贝的汤汁熬至黏稠。

103 页
XO 酱

咸鳕鱼干	400 克	五花熏肉（切片）	5 片
带子（瑶柱）	2 个	鱼酱（日本濑户	
红葱头碎	30 克	内海鱼酱）	适量
蒜碎	3 克	特级初榨橄榄油	适量
去瓤番茄（切条）	15 克	日本酒	少量

1. 将咸鳕鱼干泡两天，以去掉盐分（中途要换水）。
2. 然后和带子瑶柱一起放入方平底盘，加入少量日本酒，用保鲜膜包裹起来蒸 20 分钟左右，然后去除多余的水分。
3. 蒸好后趁着温热时尽量顺着纤维把瑶柱和鳕鱼干撕成丝。
4. 锅里放入特级初榨橄榄油，放入红葱头和蒜，小火炒至透明。
5. 加瑶柱和鳕鱼干，再放入去瓤番茄、五花熏肉翻炒，炒干水分，放入鱼酱。
6. 盛盘，慢慢倒入一层特级初榨橄榄油，静置三天后使用。

103 页
带子香松

带子（瑶柱）	1 个	意大利西芹碎	2 根
蒜碎	1 瓣	盐	少量

1 带子瑶柱切细条。

2 在不沾平锅中放入切好的瑶柱丝，慢慢加热，一边刮掉附着在锅底的瑶柱，一边翻炒去除水分。

3 加热至变硬变脆时放入搅拌机搅碎，再回锅翻炒去掉水分。

4 反复炒干打碎就会变成粉末状，加入蒜和意大利西芹味道会更香，加入盐调味。

115 页

海胆黄油

紫海胆	200 克	鱼露	20 克
无盐黄油	450 克	日本酒	20 克
面包粉	60 克		

1 黄油常温环境下打发，加入海胆一起放入搅拌机打匀。

2 再加入其他食材搅拌，完全混合后放入方平底盘中，在冰箱冷藏至凝固，切成适中大小。

115 页

BBQ 酱汁

番茄酱	150 克
糖蜜（糖浆）	50 克
液体烟熏香料	2 小匙
伍斯特郡酱汁（英国调料，味道酸甜）	1 大匙
塔巴斯科辣椒酱（美国辣酱，味道酸辣）	1 小匙

所有材料都放一个碗里搅拌均匀。

115 页

凤尾鱼蒜酱

蒜（去皮）	1 千克
凤尾鱼肉片（油渍）	200 克
牛奶	适量

1 将蒜放入锅内，加水开火，焯水三次。

2 倒掉水，加入牛奶，将蒜煮至柔软捞出。

3 将凤尾鱼放入搅拌机搅碎至糊状，趁着蒜温热时，一边加入蒜，一边搅拌。冷却降温。

115 页

香草面包粉

橄榄油	2 大匙	葡萄干	20 克
蒜碎	2 小匙	西班牙百香里	3 枝
无盐黄油	15 克	盐、白胡椒	各适量
干燥的面包粉	100 克		
松子（烤过）	20 克		

1 锅内倒入橄榄油，放入蒜，加热至微微泛黄。

2 加入黄油使其熔化，倒入面包粉搅拌，加盐、白胡椒调味。

3 将上一步的食材盛入碗里，放入松子、百里香和葡萄干后冷却。

115 页

番茄酱汁

蒜碎	2 大匙
洋葱碎	正常大小 1 个
罐装整番茄	1.5 升
岩盐	5 克
月桂叶	2 片
橄榄油	适量

1 锅内倒入橄榄油，加入蒜和洋葱煎一下。火候差不多的时候放入罐装的整番茄、岩盐和月桂叶，再次煮沸去除苦味后放入 200℃的烤箱内烤 90 分钟左右。

2 倒入搅拌机中，搅拌后冷却。

贝类与食物中毒

食物中毒是摄入了含有毒素的食物后引起的健康障碍，其中包括细菌、病毒、天然毒素、化学物质或寄生虫等。生食的大多贝类要小心避免食物中毒。要科学预防食物中毒是所有餐饮店都需要掌握的知识。以下是处理贝类食材的注意事项。

诺瓦克病毒

日本统计数据表明，在 22,718 位总患者中因该病毒致病的就有 14,876 人，占到 65.5%。无论病因还是患者数，诺瓦克病毒所占的比例都是最高的。

【诺瓦克病毒中毒后症状】

易中毒时期：全年都有中毒案例，但冬季的中毒比例更高。

感染路径：通过人手或食品入口导致（包含飞沫感染），或饮用污染后的水、食用被污染的双壳贝（或没有完全烹熟）。

潜伏时长：24~48 小时。

症状：呕吐、腹泻、腹痛，轻微发热，身体健康的人 1~2 天会恢复（儿童或老人有可能病情加重），无后遗症。

治疗：没有疫苗，只有输液等对症治疗方式。

预防方法：用餐前、如厕后洗净双手。在有腹泻呕吐的症状时不做饭不处理食物。烹饪用具在使用后洗净杀菌。必须要加热的食物一定要保证熟透（尤其是儿童或老人等身体抵抗能力较弱的人群）。

双壳贝会吸入大量海水，从中过滤浮游生物，有时它们会吸入含有诺瓦克病毒的海水。但通常情况下病毒会在高温下死亡，所以充分加热后是可以放心食用的。建议加热时要保证食材内部加热到 85~90℃，并且加热时长能够保持在 90 秒以上。

贝毒

贝毒是自然毒素的一种，扇贝或牡蛎等双壳贝会进食一些有毒的浮游生物，并将它们的毒素暂时储存在体内，人类吃这些贝时身体就会出现中毒症状，所以就将其称为贝毒（双壳贝自身没有生产毒素的能力）。在日本，贝毒的问题很受重视。根据有害浮游生物的不同，分为麻痹性贝毒和腹泻性贝毒两种。因食用贝类而导致食物中毒案例中，由贝毒引起的占全体的 10%，虽然比例不高但是毒性发作时间较长，所以要特别注意。

【贝毒引起的食物中毒的特征】

易中毒时期：贝毒产生的原因是含有有毒浮游生物的浮游植物大量繁殖，这与水温、潮流、盐分、光的强弱等多种要素有着复杂的关系，所以单纯从环境因素来预判是否会中毒是很困难的。

感染原因：食用毒化的双壳贝。

毒化贝类：扇贝、牡蛎、花蛤、贻贝等双壳贝（贝以外还有海鞘等）。

* 只有双壳贝会毒化，不以浮游植物为食的海螺、鲍鱼、墨鱼、章鱼等不会堆积毒素（捕食毒化后双壳贝的肉食性贝类或螃蟹也有毒化案例）。

潜伏期如下。

腹泻性：食后 0.5~4 小时病发。

麻痹性：食后 10~30 分钟，舌头或嘴唇、面部开始麻木，手脚发热。

症状如下。

腹泻性：严重腹泻、恶心反胃、呕吐（不致命）。3 天左右完全恢复。

麻痺性：肌肉麻痺、头疼、眩晕、恶心、手脚发麻、呼吸困难等，与河豚中毒的症状相似。也有 12 小时内死亡的案例。一般 12 小时后开始恢复。

治疗：对症治疗。

预防方式：现在日本有相关机构对贝毒进行严格层层把控，进行有毒浮游生物的排查，检测有无贝毒。如检测出的贝毒数值超过规定标准，会对其生产团体（主要是渔业协同组织）进行从生产到出售的自主限制。所以，毒化的贝类几乎不会流通到市场。

鉴于监管体制的完善，在市场或店铺中购买贝类时，要选择产自接受过检查的海域。另外，大部分毒素都会堆积到中肠腺部位，所以像是扇贝等分离中肠腺较为简单的贝类，在浮游植物繁殖的时期内（一般是初夏到夏季），去除中肠腺也可以食用。

即使是毒化过的贝，有毒的浮游生物消失，贝体内的毒素排出后也会变得无毒。不同贝类去毒化所用时间并不相同，一只牡蛎一小时内吸入吐出的海水有 10~20 升，所以它排除毒素的速度就很快。

其他食物中毒

虾夷科虾夷属贝类的唾液腺中有毒，如误食后，30~60 分钟之后会出现幻觉、眩晕，类似醉酒的情况。通常 2~5 小时内恢复。在不同季节毒量不会有变化，毒素耐酸耐热，冷冻或加热都不会使毒性消失。所以为避免这类中毒，处理时必须要去除唾液腺。

另外，如果吃太多在春季（2~5 月）捕获的鲍鱼中肠腺，也会发生罕见的阳光过敏症。这是因为该时期的鲍鱼吃掉的海藻中含有叶绿素，引发中毒就是进食过多的中肠腺。近些年这类中毒的现象没有发生。

专业料理店留心的问题

日本很多贝类餐馆的食材基本是产地直送，餐馆老板会去原产地亲自确认生产方式和养殖环境。采购时会选择养殖海水中配备了排毒杀菌设施的养殖卖家。这是因为万一顾客有什么问题，就可以一直追溯到生产者以确认牡蛎的情况。送到店铺中的牡蛎不允许随便触摸，一直放在低温的冷藏箱中。处理牡蛎的水槽是牡蛎专用水槽，不会在这里清洗其他料理的烹饪工具或食材。如今市场的检查体制已十分完善，但牡蛎本身可能会受到二次感染。所以店员个人的健康管理也很重要，每天店内的消毒等基本管理操作都会实施到位。

* 诺瓦克病毒：信息源自日本厚生劳动省的"关于诺瓦克病毒的问答环节"。

* 贝毒：信息源自日本瀬户内海区水产研究所的"有毒浮游生物与贝毒（解说）、以及"贝毒—和歌山县官网"。

* 浮游生物中毒：信息源自北海道石狩振兴局官网。

参考
• 《日本近海产贝类图鉴（第二版）》，奥谷乔司编，东海大学出版部。
• 《贝类学》，佐佐木猛智著，东京大学出版会。
• 《食品成分表 2017（第 7 修订版）》，女子营养大学出版部。

厨师简介

延田然圭

第一份工作在东京北千住的日料店——明日香本店，在此工作七年半之后，开始创业。2007年在东京高元寺开了第一家贝料理餐厅；2009年在埼玉县入见市开创了第二家海鲜料理餐厅；2011年在东京莺谷开设了第三家餐厅；2014年在东京惠比寿开了第四家餐厅。专注于日本的新鲜贝类，根据季节变换直接从产地采购进货，被称作贝料理第一人。

笠原将弘

1972年生于日本东京，曾在正月屋吉兆进修九年。之后继承老家的烤鸡肉串名店，经营四年半之后关闭了店铺。转而在2004年9月开设了自己的餐厅，提供深夜和食，价格实惠，味道过硬。2013年9月，又在名古屋开了分店；2019年11月开设了第三家店。现在除了负责后厨之外，还忙于电视杂志等宣传工作。出版了《笠原将弘的美味秘籍》《笠原将弘的100份日式沙拉》《笠原将弘的儿童餐食》（均出自柴田书店）。

裃川哲司

从接触料理开始，先后在两家店进修了七年，而后在2011年12月在东京代宫山开设了自己的餐厅。20道菜品中有15道是海鲜料理。从高级海鲜到普通食材都可以灵活运用，理想是做出"美味、简约、幸福"的料理。出版了《个性派酒馆的海鲜料理》（柴田书店出版）。

福岛博志

1980年出生于和歌山县。大学毕业后在日本的意大利餐厅工作两年半后奔赴欧洲，在法国进修了两年半。回日本后师从"日本料理龙吟"，继续学习日料的烹饪技法及理念。2013年在东京南青山开始独立开店。菜品以西班牙料理为主，除此之外，还不断融合着各式风格的烹饪技法，为客人们提供着超越传统、别具一格的料理。始终贯彻着一个简单的想法：做出自己觉得美味的料理。

宫木康彦

　　1976 年出生于神奈川县。从事过连锁店以及餐饮相关的其他服务。为体验正宗的意大利料理，2005 年前往意大利，在三星级餐厅里学习最先进的烹饪方式。回日本后，在 2008 年于东京的自由之丘创立了自己的餐厅。

松下敏宏

　　从辻烹饪专业学校毕业后，曾在法式酒店工作，也创立过法式餐厅。23 岁前往加拿大，在四星级酒店工作了四年左右。回日本后在生蚝酒馆工作了三年，被牡蛎的美味与商业价值所吸引，在 2009 年创立了自己的生蚝酒馆。亲自造访养殖户，挑选优质牡蛎，有众多不仅喜爱生牡蛎、也很喜欢精致蔬菜料理的粉丝。

田村亮介

麻布长江　香福筵

　　1977 年出生于东京，在专业的料理学校毕业后，开始钻研中国料理。之后在广东著名餐厅——翠香园、华湘进修学习。后又辗转学习川菜等技艺。2006 年返回日本就任"麻布长江香福筵"厨师长，2009 年开始兼任餐厅经营，门店现已搬迁至南青山地区，店名为 Itsuka。出版了《最新：鸡肉料理》《花样鸡蛋菜谱》（柴田书店出版）。

足立由美子

Māimāi

　　2005 年创立东京江古田的越南小吃店。坚持"做出真正的越南餐饮，表现原汁原味的越南风格"。多次奔赴越南，不断了解最新资讯并更新菜谱。出版了《第一次做越南料理》（柴田书店出版）等。

此版本仅限在中国大陆地区（不包括香港、澳门特别行政区及台湾地区）销售

北京市版权局著作权合同登记　图字：01-2021-2299 号。

图书在版编目（CIP）数据

日本主厨笔记. 贝料理专业教程/日本柴田书店编；
陈佳玉译. —北京：机械工业出版社，2023.5
（主厨秘密课堂）
ISBN 978-7-111-72357-8

Ⅰ.①日… 　Ⅱ.①日… ②陈… 　Ⅲ.①贝类—菜谱—
日本—教材 　Ⅳ.①TS972.183.13 ②TS972.126.4

中国国家版本馆CIP数据核字（2023）第051237号

机械工业出版社（北京市百万庄大街22号　邮政编码100037）
策划编辑：范琳娜　卢志林　责任编辑：范琳娜　卢志林
责任校对：王荣庆　邵鹤丽　责任印制：张　博
北京华联印刷有限公司印刷
2023年7月第1版第1次印刷
190mm×260mm·17印张·2插页·205千字
标准书号：ISBN 978-7-111-72357-8
定价：98.00元

电话服务　　　　　　　　　网络服务
客服电话：010-88361066　　机 工 官 网：www.cmpbook.com
　　　　　010-88379833　　机 工 官 博：weibo.com/cmp1952
　　　　　010-68326294　　金 书 网：www.golden-book.com
封底无防伪标均为盗版　　机工教育服务网：www.cmpedu.com